课程思政研究丛书

研学旅行概说

◎ 张子睿 袁阳 秦诗雅 著

中国农业科学技术出版社

图书在版编目（CIP）数据

研学旅行概说/张子睿，袁阳，秦诗雅著.—北京：中国农业科学技术出版社，2020.3

ISBN 978-7-5116-4619-4

Ⅰ.①研⋯　Ⅱ.①张⋯②袁⋯③秦⋯　Ⅲ.①中小学生-素质教育-研究　Ⅳ.①G631

中国版本图书馆 CIP 数据核字（2020）第 029714 号

责任编辑	史咏竹
责任校对	李向荣

出 版 者	中国农业科学技术出版社
	北京市中关村南大街 12 号　邮编：100081
电　　话	（010）82105169（编辑室）　（010）82109702（发行部）
	（010）82109709（读者服务部）
传　　真	（010）82106626
网　　址	http://www.castp.cn
经 销 者	各地新华书店
印 刷 者	北京建宏印刷有限公司
开　　本	710mm×1 000mm　1/16
印　　张	13.5
字　　数	212 千字
版　　次	2020 年 3 月第 1 版　2020 年 3 月第 1 次印刷
定　　价	49.00 元

◀═══ 版权所有·翻印必究 ═══▶

前　言

党的十八大以来，习近平总书记围绕培养什么人、怎样培养人、为谁培养人这一根本问题，以高远的历史站位、宽广的国际视野、深邃的战略眼光，高度重视培养中国特色社会主义建设者和接班人，将中国特色社会主义事业后继有人作为一项重大战略任务。

探索更多形象生动的形式开展有效的教育，提高学生素质教育水平是当代社会对教育的新要求。在这种理念的指导下，全国各地不同类型的学校积极探索开展研学旅行模式，取得显著成效，在促进学生健康成长和全面发展等方面发挥了重要作用，积累了有益经验。在中国已进入全面建成小康社会的决胜阶段之时，2016年11月30日，教育部、国家发展改革委等11部门印发《关于推进中小学生研学旅行的意见》（教基一〔2016〕8号）。该文件颁布为推动研学旅行健康快速发展指明了方向。

在开展中小学生研学旅行活动中，实现润物细无声的育人模式，是一项十分有意义的工作。

2019年10月18日教育部公布的通知显示："根据《普通高等学校高等职业教育（专科）专业设置管理办法》，在相关学校和行业提交增补专业建议的基础上，教育部组织研究确定了2019年度增补专业共9个，现予公布，自2020年起执行。"在旅游大类（专业大类）旅游类（专业类）中增加了"研学旅行管理与服务"和"葡萄酒营销与服务"两个专业名称。因此，第一批研学旅行管理与服务专业的高等职业教育（专科）学生将于2020年9月入学。

在认真学习文件精神和研究中小学生研学旅行经验的基础上，从学理角度分析中小学生研学旅行的本质，讨论研学旅行与思想政治教育有机融合的途径，以思想政治教育为目标提出研学旅行工作的新设想；这是本书写作的初衷，同时也对办好研学旅行管理与服务专业有着比较现实的意义。

本书分为上下两篇，上篇为"研学旅行基本问题的哲学思考"，下篇为"研学旅行工作思路、能力与环境建设"。

本书的完成，得到了北京师范大学科学传播与教育研究中心、亲子猫（北京）国际教育科技有限公司、北京京师同创教育科技有限公司的大力支持。由于研学旅行在中国开展的时间并不长，作者水平有限，书中不当之处亦在所难免。恳请领导、专家、教师同行以及阅读本书的朋友们批评指正。

2019年11月

目　　录

上篇　研学旅行基本问题的哲学思考

第一章　研学旅行的本质 ……………………………………………（3）
 第一节　研学旅行学习形式及其属性 ……………………………（3）
  一、研学旅行过程中的研究性学习 ………………………………（4）
  二、人类实践性活动及其价值 ……………………………………（9）
 第二节　研学旅行的社会方位和基本类型 ……………………（16）
  一、研学旅行的社会方位 …………………………………………（16）
  二、研学旅行活动的基本类型 ……………………………………（27）

第二章　研学旅行的主客体关系 ……………………………………（32）
 第一节　研学旅行活动的设计和指导主体 ……………………（33）
  一、研学旅行活动的设计和指导主体应具备的素质 ……………（33）
  二、研学旅行活动设计和指导主体的系统结构 …………………（38）
  三、建立健全研学旅行活动设计和指导主体系统的基本原则 …（41）
  四、研学旅行活动设计和指导主体的行为方式 …………………（43）
 第二节　研学旅行活动客体 ……………………………………（45）
  一、研学旅行活动客体及其构成要素 ……………………………（46）
  二、研学旅行活动客体的基本特点 ………………………………（50）
  三、研学旅行活动客体系统的优化 ………………………………（51）

四、研学旅行活动主体和研学旅行活动客体的辩证关系 …………… (53)
　第三节　研学旅行活动的主客体矛盾展现 ………………………………… (55)
　　一、利益和责任的矛盾运动 ……………………………………………… (55)
　　二、指挥和服从的矛盾运动 ……………………………………………… (56)
　　三、纪律和自由的矛盾运动 ……………………………………………… (57)
　　四、集权和分权的矛盾运动 ……………………………………………… (59)
　　五、竞争和协调的矛盾运动 ……………………………………………… (60)

下篇　研学旅行工作思路、能力与环境建设

第三章　研学旅行工作思路、思维与典型方法 ……………………………… (65)
　第一节　基于系统思维的研学旅行总体工作思路 ………………………… (65)
　　一、"上下贯通"构建合理的研学旅行体系 …………………………… (66)
　　二、"洋为中用"丰富研学旅行体系 …………………………………… (74)
　第二节　研学旅行中的逻辑思维方法 ……………………………………… (79)
　　一、逻辑思维的概念 ……………………………………………………… (80)
　　二、归纳思维 ……………………………………………………………… (82)
　　三、分析与综合思维方法 ………………………………………………… (87)
　第三节　研学旅行活动中的调研方法 ……………………………………… (91)
　　一、信息资料收集方法 …………………………………………………… (91)
　　二、质的调查研究方法 …………………………………………………… (94)
　　三、抽样方法 ……………………………………………………………… (96)
　　四、问卷设计 ……………………………………………………………… (102)

第四章　研学旅行中的问题及发现问题的能力 ……………………………… (109)
　第一节　问题概述 …………………………………………………………… (109)
　　一、问题的定义 …………………………………………………………… (109)
　　二、问题的特征 …………………………………………………………… (111)

三、问题的作用……………………………………………………（114）
 第二节　问题的分类及主要特征…………………………………（116）
　　一、闭合性问题与开放性问题……………………………………（117）
　　二、基本问题与非基本问题………………………………………（117）
　　三、单域问题与跨域问题…………………………………………（118）
　　四、社会问题与日常问题…………………………………………（119）
　　五、常规问题与反常问题…………………………………………（122）
　　六、良结构问题与不良结构问题…………………………………（123）
　　七、经验问题、概念问题、佯谬和悖论…………………………（124）
 第三节　发现问题的途径与方法问题……………………………（128）
　　一、发现问题的途径………………………………………………（128）
　　二、发现问题的方法………………………………………………（135）

第五章　不同类型研学旅行活动开发思路……………………（139）
 第一节　科技类研学旅行与创新能力培养………………………（139）
　　一、正确理解科学、技术、技术创新等问题……………………（140）
　　二、用马克思主义哲学理解生产实践系统的演化………………（145）
 第二节　人文体艺研学旅行活动设计……………………………（154）
　　一、博物馆研学旅行活动设计……………………………………（154）
　　二、党史国史研学旅行活动设计…………………………………（156）
　　三、文化自信研学旅行活动设计…………………………………（162）
　　四、体育研学旅行活动设计………………………………………（169）
　　五、艺术鉴赏研学旅行活动设计…………………………………（172）

第六章　研学旅行的环境建设与人才培养……………………（175）
 第一节　研学旅行的环境建设……………………………………（175）
　　一、营造适合研学旅行事业发展的文化土壤……………………（175）
　　二、建立有效研学旅行的中介系统………………………………（176）
　　三、普及旅行活动所需的安全知识………………………………（178）

第二节 研学旅行的人才培养……………………………………（185）
　一、构建一体化在职培训课程促进研学旅行发展………………（185）
　二、开发专业教材促进研学旅行发展后备人才培养……………（190）
参考文献……………………………………………………………（203）

上篇　研学旅行基本问题的哲学思考

第一章　研学旅行的本质

研究性学习、体验式学习、旅行是研学旅行的核心范畴，也是研学旅行的逻辑起点。然而，究竟如何理解和界定研学旅行，人们的看法至今仍不十分一致。要做好研学旅行，就要认真研究指导性文件，从文件对研学旅行的表述出发去探讨研学旅行的本质属性。

教育部①、国家发展改革委②等11部门印发的《关于推进中小学生研学旅行的意见》文件指出："中小学生研学旅行是由教育部门和学校有计划地组织安排，通过集体旅行、集中食宿方式开展的研究性学习和旅行体验相结合的校外教育活动，是学校教育和校外教育衔接的创新形式，是教育教学的重要内容，是综合实践育人的有效途径。开展研学旅行，有利于促进学生培育和践行社会主义核心价值观，激发学生对党、对国家、对人民的热爱之情；有利于推动全面实施素质教育，创新人才培养模式，引导学生主动适应社会，促进书本知识和生活经验的深度融合；有利于加快提高人民生活质量，满足学生日益增长的旅游需求，从小培养学生文明旅游意识，养成文明旅游行为习惯。"

第一节　研学旅行学习形式及其属性

大凡讨论一个命题，都需要从理论和源头上研究命题的核心问题。

一般地说，学习是指从阅读、听讲、研究、实践中获得知识或技能的过程。

---

① 中华人民共和国教育部，全书简称教育部。
② 中华人民共和国发展和改革委员会，全书简称国家发展改革委。

从教育部等 11 部门文件可以提炼出：研学旅行是研究性学习和旅行体验相结合的校外教育活动，因此，以研究为主要手段的研究性学习和以实践为主要手段的体验式学习都是提高学习效果的有效途径；上述两种手段也是研学旅行过程中最典型的学习方法。也可以说研究性学习和旅行体验中蕴含的实践性学习是研学旅行的两大典型学习方法。为了更好地理解研学旅行的内涵，就有必要对研究性学习和体验式学习的概念和表现形式进行分析，进而理解研学旅行的研究性与实践性属性。

一、研学旅行过程中的研究性学习

研究性学习教学方法是教师指在教学中引导学生以研究模式参与教学活动，通过教师引导学生独立的思考来获取知识、提高能力。

要分析研究性学习方法在研学旅行过程中的作用，就要探讨研究性学习的特点与类型，以及研究性学习教学方法的在研学旅行课程教学过程中的意义和工作的原则、研究性学习目标具体化的基本程序。

（一）研究性学习的特点与类型

研究性学习教学的特点主要体现在如下几方面。

首先，开放性和过程性。研究性学习教学最大的创新是扬弃了传统教学中教师讲学生听的授课方式，通过构建教师引导学生开展研究、探讨活动把相对封闭的课堂变成相对开放的课堂；同时，研究性学习成功地实现课程向课外延伸，教学评分中学生研究、探讨过程中的表现收获所占的比重大幅度增加，真正实现由单纯评价结果向关注过程转变。

其次，普遍主体性和交互性。通过构建教师引导学生开展研究、探讨活动，在具体的教学环节中，教师主要担任组织者、参与者和引导者的角色，以传授研究工作所需方法的方式指导学生开展具体工作，通过双向互动，学生也成为学习研究的主体。这样师生都成为教学主体，也实现了近现代史教育创新一直追求的普遍主体参与创新活动的目标。

最后，探索性。在研究性学习教学过程中，教师通过提出问题，帮助学生培养问题意识，学生根据自己设计的研究方案提出研究方法的需求，教师通过提供研究方法引导学生开展研究活动；学生通过研究性活动得出正确的结论。这一过程完全替代了教师讲理论、讲结论的模式，学生对理论的理解会更深刻。

研究性学习教学一般包括如下几种类型。

第一种类型，问题研讨式研究性学习。问题研讨式研究性学习就是以问题为中心来展开研究性学习教学活动。这种类型学习方式要求学生在自学研究的基础上，大胆质疑，提出问题；然后在教师的指导下，独立思考和分析问题，通过学生自己亲身研究解决问题。

第二种类型，课题研究式研究性学习。课题研究式研究性学习就是引入课题研究方法进入具体教学内容，具体环节包括学生自主学习、研究、写作、讲课或答辩等。

第三种类型，多元综合探索式研究性学习。多元综合探索式研究性学习就是把不同的研究方法和教学策略进行整合，设计类似科学研究的情境，引导学生自主地探究、实践，求得结果。

（二）研究性学习教学方法在研学旅行课程教学过程中的意义和工作原则

1. 研究性学习教学方法在研学旅行课程教学过程中的意义

在研学旅行课程中开展研究性学习的意义主要体现在如下几方面。

（1）在研学旅行课程中开展研究性学习教学是教育创新的主要表现。人类的创新是以研究、探索活动为基础的；开展研究性学习，可以有助于培养学生的探索精神和创造、创新意识。

（2）在研学旅行课程中开展研究性学习教学，有利于实现学生更多参与课堂目标，践行"以学生为本"的理念。

（3）在研学旅行课程中开展研究性学习教学使教与学融为一体，在提高教学实效性的同时，促进教学相长。在培养学生探究精神和主动学习欲望的同时，有效地拓展课堂教学容量，调动学生学习的主动性，有利于提高研学旅行课程的实效性。

2. 研学旅行课程研究性学习教学工作的原则

（1）过程与结果并重原则。教师在开展研究性学习教学时，不仅要提供基本史实材料和史论观点，而且要提出需要探究的问题，提供掌握材料、解决问题的方法。指导学生学会收集史料、分析材料，在研究问题的过程中掌握历史研究方法，提高培养研究能力与创新意识。

（2）自主研究原则。教师在开展研究性学习教学时，应积极引导学生掌握知识，提出问题、发表见解。

（3）实践性原则。教师在开展研究性学习教学时，应积极引导学生开展实践活动，例如，实施党史国史类型的研学旅行活动就可以通过开展丰富多彩的社会实践活动，了解国史、国情，深化对"三个选择"的理解，在实践环节中积极思考，领悟理论知识的真谛。

（4）差异性原则。教师在开展研究性学习教学时，应充分考虑学生个体差异性，为学生创造更为广阔的学习提升空间，促进学生实现个性化、差异化的成长。

（三）研学旅行过程中实现研究性学习目标具体化的基本程序

组织研究性学习教学差异很大。研究性学习教学的步骤一般包括提出问题组建学习小组、以小组为单位开展研究、获得研究成果并汇报、总结点评4部分。在上述4个部分中，确定研究性学习目标，尤其是实现研究性学习目标具体化是最重要的工作。一方面，目标具体化是研究目标扩展；另一方面，只有完成目标具体化，才能开展后续的研究工作。完成这项承上启下的决策工作，是做好研究性学习教学的关键。

风险的存在是客观的，也是必然的。确定研究性学习目标的决策过程属风险型决策，研究性学习目标具体化过程，就是要适时抓住最有利的时机，尽可能地避免风险，做出正确的选择与抉择。一般来说，实现研究性学习目标具体化的过程包括摆明问题确定目标、确定具体的研究性学习目标两阶段工作。

1. 第一阶段——摆明问题确定目标

研究性学习过程的实质就是解决问题的过程。摆明研究性学习过程需要决策的问题是什么，确定研究性学习所要达到的目标，是研究性学习需要决策的第一步。

确定目标是科研决策前提，而研究性学习目标是根据要解决的问题来定的。

如果把需要解决问题的关键所在及其产生的原因等弄清楚了，确定目标就有了依据，目标也就更容易确定了。要弄清问题不但要清楚什么是问题，还要对应有现象和实有现象加以明确。应有现象是指应达到的标准或按既定的目标应有的情况；实有现象是指实际所发生的或存在的情况。所谓摆明问题就是以应有现象为依据，积极、全面地收集实有情况，发现差距，并通过分析、研究、把问题确定下来，找出产生问题的原因，这样就能有针对性地采取措施加以解决。

摆明问题是整个过程的起点，也是进行正确决策的基础。摆明问题包括发现问题、确定问题、分析产生问题的原因3个主要方面。首先，发现问题，即找出问题在哪里；其次，确定问题，即明确什么问题是必须解决的；最后，分析问题，即为什么会产生这种问题，矛盾的焦点在哪里，分析原因并加以明确。

2. 第二阶段——确定具体的研究性学习目标

确定研究性学习目标是为实现一定目标而对若干个备选方案进行选择的过程。因此进行决策的前提是要有一定的目标。这一目标是在对社会环境、市场现状及自身条件的一般了解基础上提出的。

所谓研究性学习目标，就是在一定环境条件下，在预测基础上要达到的程度和希望达到的结果。

研究性学习目标可分为两种：一是必达目标——要求必须达到什么程度；二是期望目标——期望取得的成果。

对于研究性学习目标的确定必须明确具体，否则方案的制定与选择就会感到无所适从。目标明确具体包括以下5个方面。

（1）研究性学习目标的表达。研究性学习目标必须是单一的，也就是只能有一种理解，绝对不能产生歧义。如果语言含糊不清、模棱两可，不明白到底要做什么，决策就很难顺利进行。明确表达目标最有效的方法是研究性学习目标数量化。

（2）研究性学习目标的时间约束。没有具体完成期限的目标，就等于没有目标，因为它可能永远无法实现。因此，研究性学习目标必须有明确的实现期限。在实际操作过程中，根据实际情况，目标的实现时间允许有一定的弹性。有的研究内容应严格一点，限期完成；有的可以给出一定的伸缩范围，或规定一个极限。在研究性学习实施过程中，也可以根据实际情况，对预先确定目标的实现期限进行修改。但无论对目标实现期限的规定，还是后来的修改，都要根据事实、需要和可能得出科学合理的结论。

（3）研究性学习目标的条件约束。确定目标时，必须明确达到没有客观条件的限制并附加一定的主观要求。约束条件主要是各类资源条件、决策权限范围及时间限制等。研究性学习目标的产生、确定必须立足于现实的基础上，其研究性学习过程也要受到未来客观条件的制约。这些基础和客观条件就是研究性学习目标的约束。约束条件是衡量研究性学习目标实现与否的标准，这个标准包含在目标本身之中。约束条件越清楚，研究性学习的有效性和目标的可能性也就越大。规定目标约束条件有以下3个切入点：首先是客观存在的，可利用的资源条件，包括研究性学习者拥有的、能够筹集到的人、财、物等；其次是国家以及地方的政策法规、制度等方面的限制和规范；最后是研究性学习者附加在决策目标上的主观要求，研究性学习者对目标最高要求不一定完全现实，但最低要求必须是目标的约束条件。

（4）研究性学习目标的数量化。研究性学习目标数量化可以达到什么程度有个衡量标准。如果实在无法数量化，也可以采用陈述方式尽可能把目标描述得具体、翔实、清楚。目标本身就有许多数量标准，如成本、利润等数量指标，可以是一个数量界限，规定出增减范围，或在某些条件下达到的极值，如成本最小值，利润最大值。对非数量值，也可以用一些方法和手段使之数量化。应当注意的是对数量指标的计算规范要做出统一规定。

（5）研究性学习目标的体系化。研究性学习的总目标必须由具体的目标体系来支撑，体系化就是把比较抽象的总目标分解成许多子目标。子目标也可以继续分解成更小的目标，从而构成目标体系。

目标体系的建构过程是研究性学习目标内容不断丰富的过程，也是表达不断明确和准确的过程。总目标是具体目标的终极目标，具体目标的实现是总目标实现的途径。

目标分解过程反映出目标体系的层次和相关性特征，目标体系的层次结构也称为分层目标结构，下一层目标往往是上层目标的手段，而上层目标则是下层目标的目的。而同层次目标之间彼此之间又互相联系、互相影响、互相制约。任何一个目标都可能影响到同层次目标的进行过程。

在建构目标体系的过程中,必须强调目标要落实,决策目标与具体目标要吻合,不能照搬或互相混淆,而是要处理好上下层次目标的关系,避免头重脚轻。

二、人类实践性活动及其价值

研学旅行活动中的"旅行体验"是一种典型的实践性学习,为了探讨这种基于研究性学习的体验和一般旅游活动中的体验的区别,更深刻地理解实践性学习方法在研学旅行过程中的价值,就需要从马克思主义哲学理论体系出发,理解人类实践活动价值。

运动和发展中的物质世界会表现出千差万别、无限多样的存在形态。在众多形态的存在中,人类社会本身这种存在对于人类具有特殊意义,需要特别加以认识。如果不能够认识人类社会的内在本质,就不可能对物质世界及其发展规律有完整、正确的理解。

人类社会作为最高的物质运动形式,是宇宙中最为复杂的一种存在,它同其他的自然存在、自然运动形式有着根本性质的区别,在一定意义上可以说,人类社会是自然本身进入自己的否定存在的一种形式,即它由自然而来又对自然进行着能动改造的物质存在形式。

在人类发展历史上,关于实践的论述可以说是源远流长。亚里士多德在《政治学》中就身心教育和训练论述了人的全面发展。他认为,体格和智力全面发展或身心两俱就是"超群拔类"的人。而在我国古代《周礼》中记载的"礼、乐、射、御(驭)、书、数——六艺",是对身心、知情意行、文治武功全面发展的要求。而要达成亚里士多德的"身心两俱"或《周礼》中的"六艺",都不可能脱离实践的磨炼。

实践是马克思主义哲学的逻辑起点,是马克思主义认识论的基础。实践是人类存在和发展的根本方式,是人类实现自我教育的基本途径之一。在马克思主义者看来,实践"是人们为着满足一定的需要而进行的能动改造和探索物质世界的活动"。实践包括生产实践、处理和变革社会关系的实践以及科学实验。实践不仅可以改造自然界和社会，而且可以改造人类的思维，使人类的思维从此岸到达彼岸，体现有效的导向功能。马克思曾指出："虽然工厂儿童上课的时间要比正规的在校学生少一半，但学到的东西一样多，而且往往更多。"出现这种情况，就是因为实践具有改造人类思维、优化主体的客观教育功能，实践包含着特殊的教育功效。实践是实现人的全面发展的重要途径。

因此，我们认为：要探讨研学旅行课程的实践价值就需要用马克思主义哲学原理来认识人类实践活动价值。

（一）实践是人类社会不可或缺的元素

观察和认识人类社会的根本出发点，反映出不同哲学的观点和原则。马克思主义哲学理论认为，人是以实践为本质的存在，人在实践活动中，首先是生产实践活动中创造了人类社会；实践既是人之所以成为人，而非动物的基础，也是社会从自然分化出来成为社会的基础。要理解人类社会的本质和特征，必须从实践入手并以实践为基础才能得到正确的了解。

1. 实践导致了人类社会的产生

恩格斯指出，劳动是"整个人类生活的第一个基本条件，而且达到这样的程度，以致我们在某种意义上不得不说：劳动创造了人本身"。

恩格斯的伟大贡献，就在于他提出并确立了劳动实践的观点，从而揭示了由自然向社会、由猿向人转变的基础和机制。

人类与动物的最大区别就在于，人类不是从外部环境中摄取自然所提供的现成的物质和能量，而是依靠自己的劳动去创造自己所需要的物质生活资料，通过劳动改变外界物质的自然形态，以满足自己的生存需要，是人所特有的生存方式。所以我们说，劳动是人与动物的最根本分界线。因此，马克思主义哲学在人类社会产生问题上的观点就是：劳动生产是人及其社会存在和发展的基础，人是在劳动生产中形成的。

恩格斯在《劳动在从猿到人转变过程中的作用》一文中详细地论述了这一转变过程。首先，由于劳动，使古猿的不适于抓和握活动的爪，逐步变成了适合劳动的人手。手的形成，意味着它已具有了从事劳动的专门器官。其次，劳动提出了交流信息的需要，由此逐步形成了人类语言。再次，由于劳动和语言，促进了大脑的发展，逐步形成了人类独有的思维器官，发展出了人类的意识、精神。最后，劳动是一种社会化的活动，正是在劳动的基础上形成了人类社会，发展了人类的文化和文明。"动物仅仅利用外部自然界，单纯地以自己的存在来使自然界改变；而人则通过他所做出的改变来使自然界为自己的目的服务，来支配自然界。这便是人同其他动物的最后的本质的区别，而造成这一区别的还是劳动。"

人和人类社会是在劳动实践中形成的，也是在劳动实践基础上不断发展的。人类形成以后，正是由人自己的实践活动，使人类来自自然，却超越了自然的限制，成为能够支配自然的特殊存在。

2. 人类实践活动的本质分析

中外古代的许多思想家都讲到过"实践"。他们最早是从"实行""践履"的意义上去理解实践这种活动的。实行、践履与目的、知道相对应，"实践"就是指贯彻目的的行动，实现知的行为。在这种理解中，虽然主要限于修身、养性的那种道德性活动，但它已把实践看作是"目的性"的活动。近代哲学，特别是德国古典哲学，进一步深化了对实践的理解。康德从意志支配的自主活动去理解，把实践看作一种理性自主的道德活动。费希特从自我设立非我的观点出发，使实践从道德领域扩展到整个理性领域，并赋予实践概念以"创造性"的内容和性质。黑格尔总结了这些思想成果，把实践理解为主观改造客观对象的创造性精神活动。在这种理解中，黑格尔还接触到了劳动生产活动的意义。但是，所有这些理解，都只限制于精神性活动的范围之内。

马克思发现了劳动生产活动是人最基本的实践活动，而劳动生产活动既体现着人的能动的创造性本质，又属于感性的物质活动。马克思正是把劳动生产实践看成人类全部实践活动的基础，才在认识上把实践的这两种对立的性质统一起来，建立了科学的实践理论。

实践是人类所特有的本质活动。人的活动与动物活动不同。人类在实践活动中总是怀有某种目的，使用特定的工具，采取特定的方法去改造自然对象，从而满足人的生存和生活需要。人类这种以一定手段有目的地改造外部世界的能动的物质活动，就是实践。因此，我们认为人类实践活动具有如下的特点。

首先，人类实践活动是具有客观现实性的感性活动。人类的实践活动都是在一定目的支配下有意识的活动,人类正是依靠实践活动才能把思想、观念变成直接现实的对象存在。所以,实践活动与单纯思想、精神的活动是有根本区别的。正如马克思明确指出的,实践是"真正现实的、感性的活动",即"客观的活动"。

其次,人类实践活动是具有创造性的能动活动。人是有思想、有理性的动物,人类的实践活动是有目的性的活动,活动的目的就是要使客观世界按照人的意志和要求得到改造,从而使自然对象成为满足人的需要的"为我之物"。人在劳动中不仅使自然物发生形式变化,同时还在自然物中实现自己的目的。

最后,人类实践活动是社会性的历史活动。在人类的实践活动中,独立的人类个体是无法同强大的自然力量相对抗,个人只有在社会关系中结合为统一整体,形成超出个体的社会力量,才能战胜自然。人的实践力量是其所处的历史现状影响的,每一时代的人都只能也必须在继承前人实践成果的基础上开始自己的活动。每代人把前代人的实践力量纳入自己的活动之中,从而壮大了自己的实践能力。所以,尽管有时人类的实践活动可以表现为单个人类个体的活动,但在具体的活动中这些单个人类个体却总是凭借人类的力量去同自然发生关系、从事实践活动的。这就是实践的社会性和历史性。

人类的实践活动的过程包括目的、手段、结果3个基本环节。目的是人从事实践活动的出发点,是人类从事活动所追求的目标。实践活动就是凭借一定的手段以实现目的的活动。手段是人对外部对象所采用的作用方式,是目的在客观对象中实现自身的中介。手段依目的选定,并在目的制约下发挥功能,因而手段中体现着强烈的目的性。实践的结果是在外部世界中以客观形式实现了的主观目的,一般表现为劳动产品。马克思指出:"劳动的产品就是固定在某个对象中、物化为对象的劳动,这就是劳动的对象化。"

随着物质生产实践的发展,人类在物质生活基础上,又有了精神文化的创造活动。这也是一种社会实践活动,它包括科学实验、文化教育和意识形态的创造等。科学、艺术和教育等实践构成人类总体实践的必要环节和部分,在人类社会生活中起着越来越重要的作用。

(二)实践在人类认识中处于十分重要的基础地位

人类社会的实践活动对认识起着决定作用,是整个认识过程的基础。实践在认识中的基础性地位或对认识的决定作用，主要表现在以下4个方面。

1. 实践是认识的动力

实践是人们有目的地改造和探索客观世界的物质活动，它总是在一定认识的指导下进行的。人们要改造世界就必须认识世界，认识是适应人类实践活动的需要而产生的。

人类的认识活动，总是为各个时代社会实践的特定需要服务的，科学研究的任务是围绕着人类实践需要这个中心来确定的。在古代，游牧民族和农业民族确定季节、了解气候以及后来航海的需要，产生了天文学；丈量土地、衡量容积和其他计算上的需要，产生了数学；建筑工程、手工业以及战争的需要，产生了力学；天文学和力学的发展又促进了数学的发展。近代资本主义生产的发展，产生了对新动力的需要，在这种需要的推动下，出现了蒸汽机。对蒸汽机的研究和改造，又进一步推动了动力学、热力学和机械学的发展。正如恩格斯指出的："资产阶级为了发展它的工业生产，需要有探索自然物体的物理特性和自然力的活动方式的科学。"

2. 实践为认识提供物质条件

人类实践活动提出的问题归根到底只能依靠实践来解决。实践不仅产生了认识的需要，而且通过创造出必要的物质条件，提供了认识及其发展的可能性。

对于自然科学认识来说，生产实践不是只发考题的主考官。它既提问，又给解决问题提供物质的保证，包括提供经验资料，提供科学研究所需的实验仪器和工具等。恩格斯指出，近代工业的巨大发展，"不但提供了大量可供观察的材料，而且自身也提供了和以往完全不同的实验手段，并使新工具的制造成为可能。可以说，真正有系统的实验科学，这时候才第一次成为可能"。

恩格斯在谈到唯物史观创立的社会历史条件时指出，近代机器大生产的出现，使社会的阶级关系简单化，使阶级斗争、政治斗争与经济关系、物质生产的联系更清楚地表现出来，使历史的动因与它的结果之间的联系更清楚地表现出来，只有在这时人们才能揭示历史的动因，发现历史发展的规律。他说："在以前的各个时期，对历史的这些动因的探究几乎是不可能的，因为它们和自己的结果的联系是混乱而隐蔽的，在我们今天这个时期，这种联系已经非常简单化了，因而人们有可能揭开这个谜了。"因此,我们认为物质生产实践的发展为人们正确地认识社会历史的本质和规律提供了可能。

3. 实践是认识的来源

实践为认识提供动力和物质条件,这还只是为认识创造了可能。一方面,任何事物在自发存在的状态下是不可能充分显示它多方面的现象的,只有改变它的状态和环境,把它置于各种不同的条件、不同的关系之中,才能使它许多隐匿着的现象呈现出来;另一方面,人们只有使自己的肉体感官同事物的现象接触,才能使这些现象反映到头脑中来,成为感觉经验,从而为把握这一事物的本质和规律准备必不可少的材料。因此,要认识某一对象的本质和规律,就只有亲身参加变革这一对象的实践,除此之外别无他途。要认识某一物质生产的本质和规律,就得参加这种生产过程,进行变革原材料的实践;要认识某一阶级斗争的本质和规律,就得参加这种阶级斗争的过程,进行变革阶级关系的实践;要认识某一物质的结构和性质,就得参加科学实验,进行变革这种物质的实践。实践是认识的唯一来源,"实践出真知"这句话简洁地概括了这一原理。

4. 实践是检验认识真理性的唯一标准

人们要在实践中实现预想的目的,必须使自己的认识符合客观实际,即符合客观外界的规律性,否则就会失败。因此,对人们改造世界的任务来说,认识是否符合实际是一个至关重要的问题。要检验和判定某种认识是否符合实际,即是否具有真理性,需要有一个客观的可靠的标准,这个标准也只能是实践。这是实践在认识中基础地位的又一重要内容。

因此,认识是来源于实践,为实践服务,并受实践检验的。离开实践的认识是不可能的。这就是马克思主义关于认识对实践的依赖关系的根本观点。

(三) 理性认识向实践飞跃是开展研学旅行课程活动的理论依据

在研学旅行课程实践活动中,理论知识是基础,但是要检验理论的正确性和把理论应用于实践都必须开展实践活动。

首先,由理性认识向实践的飞跃,是理性认识本身发展的要求,是检验理论和发展理论的过程,因而是整个认识过程的一个必不可少的环节。正如毛泽东指出的:"理论的东西之是否符合于客观真理性这个问题,在前面说的由感性到理性之认识运动中是没有完全解决的，也不能完全解决的。要完全地解决这个问题，只有把理性的认识再回到社会实践中去，应用理论于实践，看它是否能够达到预想的目的。"这就是说，要检验理性认识是否正确，唯一的途径就是由理性认识能动地飞跃到实践，也就是开展理论指导下的实践活动。

理性认识不但需要检验，而且需要发展。理性认识的发展同样离不开实践。理性认识归根到底还是在实践中对客观事物的反映，是对实践经验的概括和总结。只有让理性认识重新回到实践中去，从不断发展着的实践中汲取新的经验，才能保持自己的生命力，不断地得到丰富和发展。

其次，由理性认识向实践的飞跃，也是实践本身的要求，是整个认识过程的必然归宿。人类把握事物的本质和规律，形成理性认识的根本目的就是在认识世界的基础上自觉地、能动地改造世界。正如毛泽东所说："辩证唯物论的认识运动，如果只到理性认识为止，那么还只说到问题的一半。而且对于马克思主义的哲学说来，还只说到非十分重要的那一半。马克思主义的哲学认为十分重要的问题，不在于懂得了客观世界的规律性，因而能够解释世界，而在于懂得了这种对于客观规律性的认识去能动地改造世界。"

列宁曾说："没有革命的理论，就不会有革命的运动。"毛泽东更为明确地指出，在一定的条件下，理论可以对实践起主要的决定作用。然而，马克思主义重视理论，正是因为理论能够指导实践。"如果有了正确的理论，只是把它空谈一阵，束之高阁，并不实行，那么，这种理论再好也是没有意义的。"

人的全部活动无非是两个方面，一是认识世界，一是改造世界，或者说，一是在实践中形成思想，一是在实践中实现思想。第一次飞跃解决的是认识世界、形成思想的问题，第二次飞跃解决的主要是改造世界、实现思想的问题，同时又是认识过程的继续和完成。第一次飞跃是第二次飞跃的准备，第二次飞跃是第一次飞跃的归宿。由于第二次飞跃内在地包含着第一次飞跃的成果，因而它比第一次飞跃具有更大的能动性。正如毛泽东所说："认识的能动作用，不但表现于从感性的认识到理性的认识之能动的飞跃，更重要的还须表现于从理性的认识到革命的实践这一个飞跃。"

开展研学旅行课程实践活动，正是把学生在课堂上学到的思想政治和科学理论知识应用到实践中,检验理论的正确性,同时通过实践活动获得新的理性认识,发展理论的一个过程。

因此,要进一步提高学习效果,通过亲身体验最终有效地完成目标是有效途径之一。体验式学习法是指通过实践和体验来认知知识或事物,或者说通过能使学习者完完全全地参与学习过程,使学习者真正成为学习过程的主角。传统的学习对学生来说都是外在的,而体验式学习却像生活中其他任何一种体验一样,是内在的,是个人在形体、情绪、知识上参与的所得。正因为全身心的参与,从而使得学习效率、知识理解、知识记忆持久度都大幅度提升,体验式学习法是传统式学习方法效率的3~5倍。

第二节　研学旅行的社会方位和基本类型

虽然,教育部等11部门发布的文件《关于推进中小学生研学旅行的意见》已经明确指出研学旅行是研究性学习和旅行体验相结合的校外教育活动,但是,在调研中发现,在各地以研学旅行开展的活动中,仍有许多是属于其他类型的活动。因此,研究研学旅行的社会方位和基本类型就显得十分必要。

一、研学旅行的社会方位

既然研学旅行是研究性学习和旅行体验相结合的校外教育活动,并且有着无可估量的多种社会价值,那么这种活动就不能脱离它的对象性客体孤立并单独发挥作用。要寻求研学旅行所存在的社会方位和认识其社会价值,这需要将它置于社会系统的大背景之下,分别考察研学旅行与当代教育中诸多因素的复杂关系。

(一)研学旅行与素质教育

改革开放40多年来,我国考试招生制度不断改进完善,初步形成了相对完整的考试招生体系,为学生成长、国家选才、社会公平做出了历史性贡献。这一制度总体上符合国情,权威性、公平性社会认可,但也存在一些社会反映强烈的问题,主要是唯分数论影响学生全面发展,一考定终身使学生学习负担过重,区域、城乡入学机会存在差距,中小学择校现象较为突出,违规招生现象时有发生，深化考试招生制度改革势在必行。国务院于 2014 年 9 月发布了《国务院关于深化考试招生制度改革的实施意见》。

深化考试招生制度改革的目标是：建立中国特色现代教育考试招生制度，形成分类考试、综合评价、多元录取的考试招生模式，健全促进公平、科学选才、监督有力的体制机制，构建衔接沟通各级各类教育、认可多种学习成果的终身学习立交桥。"规范高中学生综合素质评价"是实现这一目标的手段。

而培养出符合社会发展所需要的人才，才是教育的根本。要实现上述目标就要分析新时代社会、经济与技术的发展对人才的素质结构和素质内涵提出的新要求。首先，社会经济现象错综复杂，就业岗位呈现多样化趋势；其次，社会竞争加剧，人才最终都将接受市场的检验；最后，创新思维和适应能力成为成功的关键。总之，开放性和竞争性使学生未来的"社会角色"变得不确定，从而必然增加结果的多样性和多层次性。所有这些都决定着未来服务社会的人才不仅要有新的素质结构，而且更要有新的素质涵养。

素质教育是一种全新的教育理念，给教育教学展示了宽阔的视野，给学校工作提出了新概念，提供了新空间。素质教育的重点是人才创新精神和实践能力的培养，其价值取向是培养具有较高综合素质的复合型人才，即具有扎实的专业基础知识、宽广的社会知识、优秀的语言表达能力、较强的写作能力和社会交际能力的人才。要扩大学生的就业领域，增强学生的竞争力，就要提高学生的综合素质，强化他们的非专业技能，提升学生适应社会的能力。

素质教育成为国内外研究的一个热点。为适应 21 世纪知识经济对知识人才的要求，专家提出"全人发展"的教育新理念，形成两个课堂并重的教育趋势。我国目前正大力推进素质教育，创新精神与实践能力作为素质教育的核心。社会对于学生综合素质的要求，内容丰富、形式灵活多样的素质教育被推到了教育的第一线。

现代社会的发展对各行各业工作人员的素质要求越来越高，社会主义经济建设需要的人才，是理想、道德、知识、智力与技能，以及体质、心理素质等诸多因素全面发展，相互协调的人才。人才素质的构成是全方位的，它包括人的知识储备、职业素养、表达能力等。

传统的观点认为：人才按其知识和能力结构的类型可以分为学术型（科学型、理论型）、工程型（设计型、规划型、决策型）、技术型（工艺型、执行型、中间型）和技能型（操作型）。工业文明要求大批训练有素的劳动者，这就要求学校按一个统一的模式把成批学生制造成规格化的"标准件"去满足工业文明的需要。现代社会对人才需求是全方位的，对人才的素质要求也是全方位的。在扎实的本专业基础理论和专业应用技能之外，人的非专业素质成为衡量人能力的关键。因此，人才需求的类型与传统的类型有着较大的区别，即便是普通劳动者也不是简单操作型人才。

在几何图形中，正三角形是最符合中心对称原则的；在立体结构中，正四面体是最符合中心对称原则的。下面笔者借助正四面体模型分析现代人才的专业知识体系。

笔者认为：适应现代社会的学生素质主要有思维能力、表达能力（包括书面表达能力和口头表达能力）和解决问题能力，这3种能力构成了正四面体底面的正三角形的3条边。而支撑现代人才思维的基础知识包括必备的哲学知识和以系统方法、数学方法、经济方法、预测方法等方法为代表的现代技术方法，填充了正四面体底面的正三角形的3条边围合的底面。各专业的专业基础课和专业课则构成了正四面体的3个侧面，上述3个侧面的内容表现出不同专业在专业知识结构上的差异；从而形成一个相对完整的现代人才的知识体系。心理沟通与心理调节能够帮助学生树立了良好的心态，成为正四面体的中垂线。上述信息构成了的现代人才能力体系结构（图1-1）。在此基础之上加上良好的心态就形成学生非专业能力体系。简而言之，学生素质的关键是以正确的世界观、价值观、人生观为指导形成良好的心态，重点就是以创造性解决问题能力为代表的多种能力。

分析图1-1，不难发现要提高学生素质，就要首先培养以创新精神和实践能力为代表的能力。研究概念本源，创新是一个经济学概念，创造力才是学生能力提高的基础，因此创造型人才是培养的目标。

创造性人才应该是具有很强的自主意识，又有良好的合作精神。不仅如此，创造性人才应该同时具有继承性思维、批判性思维和创造性思维。任何创造过程都需要这3类思维的整合。正如全国政协委员江苏大学博士生导师吴守一教授指

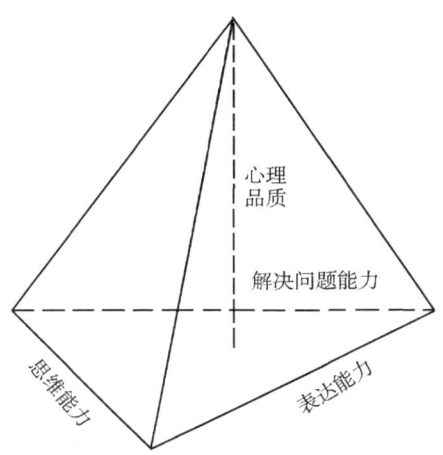

图 1-1 现代人非专业能力体系结构

出的:"在继续强化学生的社会责任感、历史责任感的前提下,把中国教育注重的共性发展、社会本位,与美国教育注重的个性发展、人本位结合起来。把中国教育注重知识,学生勤奋、踏实、谦虚,与美国教育注重智力开发、综合能力培养,学生兴趣广、视野宽、胆子大、敢冒险结合起来。把中国教育强调知识的严密、完整、系统,与美国教育注重掌握知识的内在精神和发展方向结合起来。把中国教育强调学生基础知识扎实,与美国教育强调学生自立、开拓结合起来。把中国教育强调求实的作风,与美国教育追求浪漫的风格结合起来。把中国教育'学多悟少',与美国教育'学少悟多'结合起来。这样,我们就能把创造教育推向一个新高度,促使它尽快成熟,成为独具中国特色的现代教育新体系。"

中外的研究表明,人的创造力最强的时期为 15 周岁左右。研学旅行恰恰可以在人最有创造力的年龄开展更有利于人成长的课外活动,开展素质教育,提高思维能力、表达能力(包括书面表达能力和口头表达能力)和解决问题能力等综合能力。

(二) 研学旅行与思想政治教育

研学旅行作为一种校外活动,可以成为构建全员、全程、全课程育人格局的关键一环,并且与思想政治教育工作同向同行,形成协同效应,实现立德树人。

近年来，研学旅行的实践证明，无论是教师还是导游，大多都无法单独承担研学旅行活动对指导者提出的每一项任务。研学旅行行业急需建立职业技能等级标准，对照标准培养相应人才，逐步将研学旅行所需人才培养正规化、专业化、职业化。在这个背景下，教育部增设"研学旅行管理与服务"专业正逢其时。任何一个新增专业的设立，表面上看是查缺补漏，背后意义深刻。要么是市场人才短缺，要么具有人才战略储备价值。

积极推进马克思理论、毛泽东思想、邓小平理论、"三个代表"、科学发展观、习近平新时代中国特色社会主义思想进课堂、进教材、进学生头脑工作，是当前和今后一个时期思想政治教育教学工作的重要任务。"三进"工作，最关键、最重要、难度最大的问题就是如何使先进思想进入学生头脑。

研学旅行活动由于具备研究性和实践性双重特征，因此，强化活动中教师的言传与身教为主要手段是实现"进头脑"工作目标的有效手段。要达到这一目标就要在具体工作中做好如下几方面的工作。

1. 坚定的政治信仰和与时俱进的思维是研学旅行活动教师参与学生思想政治教育工作的基本要求

随着经济全球化步伐的加快和社会主义市场经济体制的不断完善，人们的思想方式和行为方式、道德标准和价值观念都在发生着一系列的变化。

研学旅行活动教师参与学生思想政治教育工作的性质决定了教师与学生可以通过研学旅行开展思想政治教育工作，人与人心理距离的缩小，创造了平等交流思想的机会；这样一方面可以使学生与教师成为朋友，减少彼此之间探讨问题的拘束感；另一方面，也在一定程度上削弱了教师的绝对权威性。基于上述两点，学生们都可能将一些在学校课堂上并没有提出的问题，特别是与实际的社会现象相关的问题提出来与教师讨论。因此，研学旅行活动教师需要具备的基本素质就是：对马克思主义有坚定的信仰，同时拥有深厚的理论基础和科学的方法。只有这样才能保证研学旅行活动教师具有坚定的政治立场、才能保证对学生进行教育的指导思想的正确性和不动摇。

马克思主义具有三大本质特征：一是批判性和革命性，二是实践性，三是科学性。分析马克思主义发展的历程，就会发现科学实践是马克思主义理论的基石。马克思主义是深深扎根于实践、服务于实践,又在实践中不断发展的活生生的理论。马克思主义科学性的主要体现,是其在实践的基础上揭示了自然界、人类社会和思维发展的一般规律。马克思主义所具有的本质特征,使它具有"三不""四注重"的特点:不拘泥于书本,不拘泥于经验,不拘泥于已有的认识;注重对实践经验的理论抽象,注重对事物发展规律的理论揭示,注重对未知世界的理论探索,注重回答新情况、解决新问题、开拓新境界。这是马克思主义最宝贵的品格,也是马克思主义生机和活力的最主要源泉;更是学习和运用马克思主义的指南。江泽民同志说,一个民族要兴旺发达,要屹立于世界民族之林,不能没有创新的理论思维。在改革、建设和发展的道路上,新情况新问题层出不穷,亟须通过创新尤其是理论创新去解决。"要使党和国家的事业不停顿,首先理论上不能停顿。理论上不能停顿,就要不断推进理论创新。一部马克思主义史,就是一部理论创新的历史。理论创新,是需要我们高高扬起的旗帜"(岳增瑞,2002)。因此,教师要使研学旅行实践教学达到良好的效果,就必须在牢固树立坚定的政治信仰的基础上,坚持与时俱进的原则,不断学习和研究理论创新的新成果;保证自身思维始终贴近时代的脉搏。这样,才会及时地用新观点、新方法解释新现象,解决学生提出的新问题。

在具体的教学工作中,教师的言传身教很重要。"其身正,不令而行,其身不正,虽令不从"说的是为官者,但也适应于教师,要求学生接受的一定是教师自身必须认同的,这不仅是课堂上口头的讲授,也应该是实践活动中的身体力行。试想一个执着于个人得失的人,如何有资格去谈论君子之道?连自己都不相信的东西又如何感动学生?教学相长,不仅指学问,当然包括道德修养。研学旅行活动教师在学生思想政治教育活动中究竟处于什么样的地位,起着什么样的作用?笔者认为,研学旅行活动教师在这一过程中应该也必须起主导作用,言传身教是研学旅行活动教师的重要工作。

2. 言传是研学旅行活动教师对学生进行思想政治教育的重要手段

我们不能期望政治理论课程和研学旅行教学能解决所有的人生观、信仰、道德等问题;但是,也同样不能放弃一切可以对学生的人生观和信仰产生影响的机会。马克思列宁主义、毛泽东思想、邓小平理论、"三个代表"等重要论述、科学发展观、习近平新时代中国特色社会主义思想的生命力，关键在于其理论体系和观点的正确性，同时，也在于其具有供学生继承、发扬并作为思想指南的价值。

中华民族5000年文明，不仅留给我们文化的遗产，更留给我们许多道德规范。因此，在研学旅行活动中，应该结合旅行中现实事件，结合社会主义建设的基本理论和中华民族传统美德来倡导学生确立或修正其道德意识，在具体的工作中，要处理好传统与现代的关系。引导学生正确区分和对待传统文化中的精华与糟粕。全盘否定固然不对，照单全收也失之偏颇；因此，要用社会主义道德和法制建设的规范对传统的道德规范进行过滤，为学生指明方向。在倡导和弘扬传统道德时一定要根据现实加以分析、补充和更新。因为我们的目的是建设有中国特色的社会主义的道德与文明。告诉学生传统美德就在我们身边，从新加坡的成功，海尔的经营理念等事例，都可以让人们时刻感受到传统道德的无穷魅力和顽强的生命力，传统文化对现代生活的深厚影响。

当今社会的不良现象虽然是不符合社会主义道德的少数现象；但是，这些现象的存在不可避免地对学生产生影响。在平时的学习和生活中，学生与教师因为存在一些心理距离，往往不会将一些相对尖锐的问题提出来与教师讨论；教师应该对在研学旅行实践环节中学生可能提出的问题有充分的思想、心理、知识准备。首先，教师要坚定自己的信仰。研学旅行活动指导教师大多数是政治课以外的其他课程教师和其他机构人员，都是熟悉并且熟练掌握专业知识、成为本专业的专家，并且可以成为学生做人、开展研究性学习的榜样。要提高学生思想政治教育保证的效果，研学旅行活动中政治课以外教师一定要首先把好自己的思想政治关。其次，研学旅行活动由于集体食宿等环节，学生与教师的心理距离比较容易拉近。为了保证学生思想政治教育的效果，教师应该积极调整自己的心态：一方面，应该努力做学生的朋友，在具体的活动过程中给学生行动上以鼓励、帮助；另一方面，应该坚决以教育者身份要求自己，在具体的活动过程中给学生以思想上的启发、引导。最后，面对改革开放以来出现的新事物，大家的看法可能会有所差异，教师应该积极学习党和国家的政策，努力用新观点、解释新问题；不仅如此，青年教师还应该积极向老教师请教，以更加系统的理论去教育学生。

3. 身教是研学旅行活动教师对学生进行思想政治教育的有效补充

在研学旅行活动中，要学生共同生活。教师的一言一行、一举一动都会对学生产生影响，教师应该注意自身的行为，从一点一滴的小事对学生进行身教才会使教育达到更好的效果。

首先，用行为作为表率，可以直接感动学生。因为，教师文明的言谈举止对学生思想品质的形成起着修正作用。教师的一言一行都是教师内在素养的外在体现，都会给学生以潜移默化的作用影响；而学生在研学旅行活动中也正是通过这一点来了解教师的思想，"桃李不言，下自成蹊"，教师注重修养，注意言行，处处给学生做出表率，言教辅以身教，身教重于言教，学生受到影响，其不良的行为和习惯受到约束，得到修正。

当代学生多数为独生子女，自尊心都比较强；在研学旅行活动中，教师尤其是校外教师如果一看到学生在某个方面有点滴的不足，就马上会直截了当的指出，甚至责怪学生这也不对那也不是。虽然，工作方式比较直接；但是，这样却不一定会有比较明显的效果。一般情况下，学生不但不愿意接受这样的管理方式，反而对这样的管理方式有明显的反感，甚至产生一种逆反心理。事实上，学生希望与老师建立一种亲密的、平等的朋友关系。分析学生的思想状态后，我们不难发现在研学旅行活动中身教比言教更为重要。

其次，大处着眼，从小事做起。学生的思想政治教育必须从大处着眼。教育者必须认识到青年是继往开来的一代，是新世纪的建设者，是祖国的未来。新一代的青少年必须是关心社会、关心集体、关心他人、爱护公物、遵守公共秩序、文明有礼的一代。青少年公德能否做到这一点将关系到祖国的兴衰成败。"一屋不扫，何以扫天下"。如果一个人连起码的社会公德都不具备，又怎能有崇高的理想、高尚的情操呢？为此，公德教育又必须从小事做起。教师不妨从学生在研学旅行活动中碰到的小事抓起，遵守纪律，遵守公共秩序，爱护公物，讲究卫生，帮助身边有困难的人等，用自己的所作所为促使学生自我管理，促进学生的行为养成。只要教师能在研学旅行教学活动中从细微处要求，从小事做起，就一定能达到"促其思、晓其理、激其情、导其行"的教育效果。

最后，还应当利用言教与身教的充分结合，加快学生的成长。从对学生的效果来看,在研学旅行活动中,教师的身教重于言教,是一个不争的事实;但是,只有身教没有言教,教育效果就会大打折扣。因此,教师应该把握好言教与身教的时机,恰当地把两者结合起来。例如,在研学旅行活动中,教师应该身教在先,言教在后;当遇到个别学生出现一些小的错误,教师应该首先自己的行动给以更正,事后找学生单独谈话解决问题。这样,既保护了学生的自尊心,又不放弃对学生的教育,就会提高教育的效果。

4. 充分发挥指导教师的理论与专业技术优势,提升思想政治教育工作效果

研学旅行活动中,指导教师不仅在处理一些社会问题中要躬身垂范、言传身教,用表率作用优化对学生的教育效果;在面对需要解决的一些技术性问题时,更应充分发挥指导教师理论深厚、技术娴熟的优势,示范指导与启发鼓励相结合,增加学生独立解决问题的机会,提高其能力。这既可以突显实践教学的优势,也可通过即时解决问题,在增强学生自信心和创造、创新动力,帮助学生树立热爱科学、学好文化知识,为祖国奉献聪明才智的理想。

(三) 研学旅行与校园文化

在开展研学旅行活动以来,很多教师就关注研学旅行的文化价值。然而,一个更加紧迫的问题就是什么是文化?什么是校园文化?校园文化同研学旅行工作到底是什么关系?目前,对研学旅行同文化的关系的研究还处于初始阶段,这就需要相关学者做进一步系统深入的考察。

笔者认为,文化有广义狭义之分。按照马克思的观点或对文化作广义理解,"文化"就是"人化",即人的本质的对象化。马克思理论认为人之高出于动物,在于他们不是坐等自然的恩赐而是能通过实践向自然索取。换言之,人之为人的秘密,不是像动物那样消极地适应环境,而是按照自身的需要通过实践去能动地改造自然、改造社会和自身,不断创造适合人生存和发展的人文环境。这里的人文环境即是人的自由自觉本质的对象化,创造人文环境的活动过程也就是自然的"人化"过程或创造文化的过程。因此,凡是由人所创造或被打上人类意志印记的一切,包括各类器物、组织、制度和意识等形式,都属于文化范畴。研学旅行工作作为一种以提高学生综合素质为目标的自组织活动,无疑是人类自由自觉本质的一种体现。研学旅行有其所作用的特殊对象,渗透着方向性引导,并最终产

生一定的社会效果。因此，研学旅行是素质教育典型工作，更是人类文化之一。

文化除去上述的广义解释，还有两种狭义理解。一种是相对社会经济、政治而言的文化，即毛泽东所说的观念形态的文化。观念形态的文化是指反映一定经济和政治的精神产品或社会意识，它既包括构成上层建筑的各种社会意识形态，如宗教、道德、艺术、政治法律思想、哲学等，又包括各种科学技术。另一种专指文学艺术。此外，体育、杂技、卫生也应列入文化范围。

在探讨了文化的两种含义之后，我们便有可能进一步分析研学旅行工作和文化的关系。

首先，当研学旅行作为广义文化的一种形式时，对其他文化形式具有渗透性和能动性。这里所说的渗透性，是指凡是在活动中由相关集体创造的文化成果，都渗透着研学旅行活动理念。这里所说的能动性，是指研学旅行对于个体文化活动和所有集体性文化活动所发挥的预测、计划、组织、指挥、调控等功能。

其次，文化对研学旅行工作也起作用，研学旅行工作也离不开文化。文化对研学旅行工作的作用具体表现为以下几个方面。

第一方面，器物文化是研学旅行不可或缺的物质条件。器物文化即人类精神的物化，包括各类物质产品。很明显，在开展研学旅行过程中的任何工作都必须借助一定的物质手段。特别是现代化的辅助工具，各种先进复杂的工具如计算机、多媒体、现代通信展示设备等更不可少。

第二方面，对于活动指导者来说，价值观文化对研学旅行具有组织控摄作用。价值观作为一种观念形态的文化，具有多种社会作用，对研学旅行主要表现为组织和控摄两个方面。人与人之间，其追求、爱好、理想、目的等价值观念又存在着差别以至于对立。既是如此，怎样才能将不同观念的人组织在一起而进行协调有序的工作呢？其中一个重要的手段，即运用一种价值观去同化别的价值观，以形成团体的凝聚力。如果做不到这一点，组织或将解体，或者虽未解体，但却因思想分歧、混乱不已而名存实亡。这里的所谓控摄，是指各类价值观对研学旅行根本目的的定向控制，具体而言，就是团体内部所形成的共同价值观念对组织行为的定向控制，这里的控摄是通过对组织成员的思想控制达到行为的一致，其目的是保证组织目标的实现。

第三方面，科技、教育、卫生、文娱体育活动等狭义文化是提高研学旅行水平和强化研学旅行效应必不可少的条件。科学技术是人类认识客观规律和运用这些规律性认识去改造自然的知识和技能，它对研学旅行工作的作用在于提高指导者的工作理念和技能；教育的一大功能，在于用科学技术去武装组织成员、培养训练学生。卫生、体育、文娱对于研学旅行工作也不可少，其功用在于维护学生的生理健康和心理健康、增强人的素质。现代社会，科学技术的迅猛发展和生产的高度社会化，既对素质教育工作提出了更高的要求，又为素质教育工作的科学化提供了可能。这就意味着，学校要提高素质教育工作水平，越来越依赖于科技、教育、文化水平的提高。或者说，现代教育工作更应特别注意开发人的体能和智能，提高现有组织成员的文化素质。

第四方面，传统校园文化对研学旅行工作的影响和制约。传统文化是观念文化的一种，它通常被理解为历史文化的延续、传承或存留。传统文化因民族、地域而异，其性质有优劣之分；形式也多种多样，主要表现为风尚、习俗、思维定式、民族精神和传统的生活方式。从理论上说，既然文化对研学旅行活动具有多种作用，那么沉淀于现实文化体系中的传统文化也必然对研学旅行起作用。从现实来分析，传统文化对研学旅行活动的作用主要有以下几点：第一，传统文化中的民族精神，是一个民族在长期文化演变中保留继承下来的精神财富，它具有巨大而持久的向心力和凝聚力。研学旅行如若注意发扬民族精神，就可以强化团体观念和激励组织成员的工作热情。这就是习近平总书记提出"中国梦"能得到全国人民认可的原因。第二，传统文化之所以历久不衰，证明它包含着一种巨大而隐秘的心理惯性。这种心理惯性以不同的方式不自觉地支配着人们的精神生活，形成某类固定的思维方式。很显然，研学旅行的直接对象是活生生、有着独立思维的年轻学生，那么研学旅行指导者就必然要面对某类思维方式并可能与之发生冲突。因此，高水平的研学旅行活动，就应当了解、利用并且设法改变组织成员的思维定式，这样才谈得上知人善任。如果无视组织成员的思维方式，或者企图以权力强制人们按指导者的方式去思考，就会造成师生之间的心理冲突，阻断信息的传输和反馈，研学旅行自然也难以收到成效。第三，传统文化作为历史文化在现实中的积淀，还表现为某一地区或某一国家人们共同的习俗、风尚和生活方式。了解和面对这些习俗和生活方式,对研学旅行也很重要,在开展研学旅行时,还必须了解不同类型学生的习俗信仰和习惯,以便因势利导。如果对他们的生活方式和风俗习惯不了解,必然造成师生的人格冲突。

二、研学旅行活动的基本类型

教育部、国家发展改革委等11部门印发的《关于推进中小学生研学旅行的意见》在阐述研学旅行工作目标时指出:"以立德树人、培养人才为根本目的,以预防为重、确保安全为基本前提,以深化改革、完善政策为着力点,以统筹协调、整合资源为突破口,因地制宜开展研学旅行。让广大中小学生在研学旅行中感受祖国大好河山,感受中华传统美德,感受革命光荣历史,感受改革开放伟大成就,增强对坚定'四个自信'的理解与认同;同时学会动手动脑,学会生存生活,学会做人做事,促进身心健康、体魄强健、意志坚强,促进形成正确的世界观、人生观、价值观,培养他们成为德智体美全面发展的社会主义建设者和接班人。"

因此,德智体美是研学旅行活动的四大基本类型,下面将分别举例说明。

(一) 德育及人文素养类型研学旅行

党的十八大以来,习近平总书记围绕培养什么人、怎样培养人、为谁培养人这一根本问题,以高远的历史站位、宽广的国际视野、深邃的战略眼光,高度重视培养中国特色社会主义建设者和接班人,将中国特色社会主义事业后继有人作为一项重大战略任务,对加强学校思政课建设做出一系列重要部署。

2014年5月30日,中共中央总书记、国家主席、中央军委主席习近平来到北京市海淀区民族小学,参加庆祝"六一"国际儿童节活动,发表了重要讲话。他指出:"一个民族的文明进步,一个国家的发展壮大,需要一代又一代人接力努力。中华民族要继续前进,就必须根据时代条件,继承和弘扬我们的民族精神和民族优秀文化,特别是包含其中的传统美德。我们倡导的社会主义核心价值观,体现了古圣先贤的思想,体现了仁人志士的夙愿,体现了革命先烈的理想,也寄托着各族人民对美好生活的向往,要在全国人民中培育和弘扬,特别要注重从少年儿童抓起。"

习近平总书记强调："少年儿童培育和践行社会主义核心价值观，要适应自身年龄和特点，做到记住要求、心有榜样、从小做起、接受帮助。要把社会主义核心价值观的基本内容熟记熟背，融化在心灵里，铭刻在脑子中，结合学习和生活等实践不断加深理解。要学习英雄人物、先进人物、美好事物，在学习中养成好的思想品德追求。要从自己做起、从身边做起、从小事做起，一点一滴积累，养成好思想、好品德。要听得进意见、受得了批评，在知错就改、越改越好的氛围中健康成长，努力做最好的我。"

习近平总书记指出："让社会主义核心价值观在少年儿童中培育起来，家庭、学校、少先队组织和全社会都有责任。家长要时时处处给孩子做榜样，用正确行动、正确思想、正确方法教育引导孩子。要注意观察孩子的思想动态和行为变化，善于从点滴小事中教会孩子欣赏真善美、远离假丑恶。学校要把德育放在更加重要的位置，全面加强校风、师德建设，根据少年儿童特点循循善诱、春风化雨，努力做到每一堂课不仅传播知识、而且传授美德，每一次活动不仅健康身心、而且陶冶性情。少先队要坚持开展组织教育、自主教育、实践活动，把广大少年儿童团结好、教育好、带领好。全社会都要了解少年儿童、尊重少年儿童、关心少年儿童、服务少年儿童，为少年儿童提供良好社会环境。对损害少年儿童权益、破坏少年儿童身心健康的言行，要坚决防止和依法打击。"

针对青少年开展思想政治教育，需要首先上好学校思想政治课，同时探索更多形象生动的形式开展有效的教育。

因此，结合德育工作目标，开展研学旅行是学校的首选。做好研学旅行工作的关键就是在教育部、国家发展改革委等11部门印发的《关于推进中小学生研学旅行的意见》等纲领文件指导下，让学生掌握正确的文化理念，树立文化自信。

2016年7月1日，庆祝中国共产党成立95周年大会在北京人民大会堂隆重举行，习近平总书记在大会上发表了重要讲话。在讲话中，习近平总书记指出："坚持不忘初心、继续前进，就要坚持中国特色社会主义道路自信、理论自信、制度自信、文化自信，坚持党的基本路线不动摇，不断把中国特色社会主义伟大事业推向前进。"

对于首次提出的文化自信，习近平总书记这样定义："文化自信，是更基础、更广泛、更深厚的自信。在 5000 多年文明发展中孕育的中华优秀传统文化，在党和人民伟大斗争中孕育的革命文化和社会主义先进文化，积淀着中华民族最深层的精神追求，代表着中华民族独特的精神标识。我们要弘扬社会主义核心价值观，弘扬以爱国主义为核心的民族精神和以改革创新为核心的时代精神，不断增强全党全国各族人民的精神力量。"

习近平总书记的重要论述明确告诉人们：努力实践马克思主义思想与中华优秀传统文化有机结合，在党和人民伟大斗争中孕育的革命文化和社会主义先进文化，才能更好地弘扬社会主义核心价值观，弘扬民族精神和以时代精神，增强全党全国各族人民的精神力量。这也是开展研学旅行活动必须关注的问题。

习近平总书记在庆祝中国共产党成立 95 周年大会上的讲话指出："当今世界，要说哪个政党、哪个国家、哪个民族能够自信的话，那中国共产党、中华人民共和国、中华民族是最有理由自信的。"

中华文化是世界上持续时间最长的文化。从理论逻辑看：中华文化具有互补多元的价值结构、具有开放包容的价值态度、和谐统一的价值取向。

文化自信、社会主义核心价值观是实现中国梦的"加速度"，是弘扬中国精神的"源动力"，是凝聚中国力量的"向心力"，是坚持中国道路的"稳定力"。

因此，研学旅行活动设计者应当以德育为导向把社会主义文化、党史国史、中国传统文化、中国现代社会制度等内容作为活动的重点，设计出符合青少年特点的德育及人文素养类型研学旅行活动。

（二）科技创新类型研学旅行

创造，是人类语言中最有魅力的词汇。

创造是人类最美好的行为，是推动人类文明历史向前的最重要、最高尚的行为。

人类社会的文明史，就是一部创造发明史。席卷全球的技术、经济竞争，与其说是人才的竞争，不如说是人才创造力的竞争。我国在这场竞争中的最大优势，在于拥有世界上数量最大的人力资源，如果全民族创造力得以开发，中华民族必将永远立于不败之地。在许多人的印象中创造是那些在人类历史上留下浓墨重彩一笔的伟大人物的事情。事实上，对于普通人来说，创造不仅是可能而且是十分重要的。掌握创新知识，是现代社会对每一个人的要求，对于现代的中小学生更是必不可少的教学内容。

最好的提高学生创造创新能力的研究活动就是与科学研究机构合作开发探究式研学课程，让学生通过实践出新知，让学生动动手动动脑，主动参与到学习中去，学习的结果固然重要，但学习的过程更重要。通过"听、看、做、玩、演、写、赛"七大研学形式，让学生全程参与到研学旅行的整个过程中来。

（三）体育类型研学旅行

中国有博大精深的优秀传统文化，优秀传统文化理念经过千百年传承，已浸润于每个国人心中，成为日用而不觉的价值观，构成中国人的独特精神世界。正如习近平总书记在纪念孔子诞辰2565周年国际学术研讨会暨国际儒学联合会第五届会员大会开幕会上的讲话所指出的："春秋战国时期，儒家和法家、道家、墨家、农家、兵家等各个思想流派相互切磋、相互激荡，形成了百家争鸣的文化大观，丰富了当时中国人的精神世界。虽然后来儒家思想在中国思想文化领域长期取得了主导地位，但中国思想文化依然是多向多元发展的。这些思想文化体现着中华民族世世代代在生产生活中形成和传承的世界观、人生观、价值观、审美观等，其中最核心的内容已经成为中华民族最基本的文化基因。这些最基本的文化基因，是中华民族和中国人民在修齐治平、尊时守位、知常达变、开物成务、建功立业过程中逐渐形成的有别于其他民族的独特标识。"

受中国传统文化的影响，中国传统体育在价值上表现出"中庸"的价值原则。在整个体育过程中，强调"养生化"的价值主线，不刻意追求外在的负荷与强度和肌肉的收缩方式。力求通过养生，使人体与自然相互交融，汲取日月精华，天地灵气，而五脏通达，六腑协调。这是对西方体育价值取向上崇尚力量，力求通过体育达到肌肉与力量、速度的完美结合，在整个体育过程中，强调通过剧烈的大负荷肌肉训练，来塑造完美的人体形象理念的有益补充。中国传统体育文化中人与自然、人与社会和谐的思想，对于解决现代竞技体育领域出现的诸如"无道德竞争"等弊端意义重大。因此，可以在研学旅行活动中推广中华武术，并以此为平台开展"武德"教育。在研学旅行活动中，教育学生继承传统武德中的精华，把习武同发扬祖国灿烂文化，热爱祖国联系起来，培养强烈的民族自豪感，维护中华民族的尊严；有宽广的心胸，对人民要以礼待人，不恃武伤人，不以强凌弱；对危害祖国、人民利益的坏人坏事要敢说敢管，见义勇为；保持不盗名、不夺利、不保守、乐于助人的美德；尊老爱幼，尊师重道，对前人和长辈的著作和经验要虚心学习，认真钻研，努力学习技术，刻苦练功，培养慈、勇、智、恒的坚强意志，拥有良好的身体素质，文武双全，为社会做出的贡献。

（四）美育类型研学旅行

开展美育类型研学旅行，组织艺术鉴赏与体验类研学旅行活动十分必要。

《辞海》中对于艺术一词的解释是这样的：艺术是人类以情感和想象为特性的把握世界的一种特殊方式。即通过审美创造活动再现现实和表现情感理想，在想象中实现审美主体和审美客体的互相对象化。具体说，它是人们现实生活和精神世界的形象反映，也是艺术家知觉、情感、理想、意念综合心理活动的有机产物。作为一种社会意识形态，意识主要是满足人们多方面的审美需要，从而在社会生活尤其是人类精神领域内起着潜移默化的作用。在阶级社会里，艺术往往带有鲜明的倾向性。根据表现手段和方式不同，可分为表演艺术（音乐、舞蹈），造型艺术（绘画、雕塑、建筑），语言艺术（文学）和综合艺术（戏剧、影视）。根据表现的时空性质，又可分为时间艺术（音乐），空间艺术（绘画、雕塑、建筑）和时空并列艺术（文学、戏剧、影视）。

从《辞海》中对于艺术鉴赏这个组合单词的解释不难发现艺术与艺术鉴赏是密不可分的。艺术活动也是审美活动，它的发展过程或后果都有直接的感情价值，这种感情价值大半是愉快的。

因此，组织学生进入艺术类博物馆、艺术品创作场所、工艺品生产基地，开展艺术鉴赏与体验类研学旅行活动是提高学生美育水平的有效途径。

第二章　研学旅行的主客体关系

随着知识经济的推广和世界历史的展开，研学旅行活动逐渐成为当代学校教育的重要组成部分。研学旅行活动包括研学旅行活动主体和研学旅行活动客体两个基本要素，以及主体与客体之间的研学旅行活动中介因素。研学旅行活动主体和研学旅行活动客体通过研学旅行活动中介相互作用，构成研学旅行活动的内部结构。研学旅行活动是一个开放的系统，除了内部要素以外，还与周围的外部环境发生联系，外部因素主要是环境因素，包括文化环境、制度环境和物质基础等，它们共同构成研学旅行活动的外部结构。内部因素和外部因素的划分是相对的，外部因素一旦纳入研学旅行活动的过程，成为研学旅行活动主体或主体的精神因素、研学旅行活动的客体或者研学旅行活动的中介，就成为研学旅行活动的内部因素。内部因素，一旦经过研学旅行活动的过程，成为研学旅行活动的成果，就成为下一次研学旅行活动的内部要素或外部环境。研学旅行活动就是在内部因素的矛盾运动与内部因素和外部因素的交互运动中展开的，它是人的本质力量的集中体现。

在研学旅行活动的系统中，研学旅行活动的主体处于主导地位。研学旅行活动的客体是主体的对象或作品，研学旅行活动的中介系统是主体意识和肢体的延伸，研学旅行活动的环境是主体所处的空间。因此，研学旅行活动主体的界定将会影响研学旅行活动的整体面貌，决定研学旅行活动的价值取向。

研学旅行活动是其主体能动作用于研学旅行活动客体的对象性活动，是研学旅行活动指导者在研学旅行政策文件总体指导下按照自己选择的目标和行动方案通过引导学生参与活动付诸实施的过程。研究研学旅行活动主体、客体以及两者的关系，有利于更好地理解研学旅行的本质，并做好相关工作。

第一节 研学旅行活动的设计和指导主体

主体和客体是哲学中两个极其重要的范畴。所谓主体，是指按照一定目的去认识和改造客观对象的人。所谓客体，是指被认识和被改造的客观对象。主体和客体不同于主观和客观。主观是指人的精神世界，客观是指个体意识之外的客观世界或客观存在。

无论是研学旅行目标的确定，还是行动方案的选择，研学旅行工作主体始终是起主导作用的决定性因素。在一定意义上，可以将研学旅行看成研学旅行工作主体的一系列复杂的活动，也就是由研学旅行活动指导者的理性思维、情感意志、实践行为组成的主体性活动。

因此，为了更好地研究研学旅行活动，有必要进一步考察研学旅行活动主体及其作用。只有对研学旅行活动主体的规定、结构、要求、特点和功能分别加以研究，才可能把握研学旅行活动的实质，找到研学旅行活动成败的关键所在。

一、研学旅行活动的设计和指导主体应具备的素质

马克思理论坚持普遍主体的观点，每个社会成员都是人类实践的主体。开展研学旅行活动是时代的要求，学生是的研学旅行活动参与者，也是活动的主体。研学旅行活动主体作为主体的一种，有其不同于其他主体的特殊规定和特定要求。活动的提出者、策划者、设计者来自学校、机构、指导教师，活动的实施和参与者包括活动指导教师和学生。如何使学生有更多的获得感，是研学旅行活动成败的关键因素，也是对设计研学旅行活动者提出的要求。笔者认为，研学旅行活动的设计和指导主体应当具备如下素质。

首先，研学旅行活动设计和指导主体必须具有开展研学旅行活动所需的专业知识。知识是社会意识研究领域的基本范畴，众多学科都对其有所论述，关于它的含义界定很多，并存在或大或小的差异。所谓知识是人们对客观对象的浅层感知和深层认识的总称，知识作为人类认识世界的成果和改造世界的武器，是一种

无形的财富和巨大的力量。我们这里所使用的知识范畴，不局限在某个具体的领域，是指人类知识的整体。这些知识按照哲学上的诉求目标可以划分为真理知识、善德知识和美感知识；按照学科可以分为自然科学知识、社会科学知识和思维科学知识；按照反映客体信息的水平又可以分为经验知识和理论知识；按照获得知识的途径还可以分为直接知识和间接知识。总体来说就是两个视角：横向和纵向。横向是指知识的不同领域，比如前两种分类；纵向主要是指知识的层次性，比如后两种分类。在开展研学旅行活动过程中，指导教师无疑也需要有知识，而且还要掌握更多的知识。这主要包括以下几方面知识。

第一，有关研学旅行活动领域的科学知识和专门技术。总之，研学旅行活动中的指导教师虽不一定是某行的专家，但起码应是内行而不是外行，只要这样才可以和有专业背景的基地更好地交流与沟通。

第二，尽可能通晓有关的社会科学知识。研学旅行活动作为一种特殊的实践教育类活动，自始至终是在社会大系统中进行的。研学旅行活动设计和指导主体要实现自己的意图，有效进行研学旅行活动，除了通晓有关专业技术知识之外，免不了还要同整个社会打交道，因而还必须掌握尽可能多的社会科学知识。如果缺乏这些知识，就不能在复杂多变的社会环境中审时度势、选择时机；不能做到科学决策、应付各种变化；也不能在竞争中纵横自如、立于不败之地。一般来说，研学旅行活动中主体的决策权越大，越应掌握更多的社会科学知识。

第三，要特别熟悉关于人的知识。研学旅行活动的对象虽然包括物，但主要则是人，研学旅行活动就是做人的工作。因此，作为一个研学旅行活动设计和指导主体，应当熟悉自己的对象，懂得人的生理、心理、需要、追求、信仰、期待和他们的行为规律，掌握有关的生理学知识、心理学知识、社会学知识、行为科学知识等人学知识。如果不懂得人，将活人看作死物，或者对与人相关的知识知道得很少，就无法搞好研学旅行活动。相反，只有掌握有关人的知识，了解人的心理活动和思想变化，才可能沟通主客体的关系，将指导教师的意图化为学生的行动。

第四，作为研学旅行活动设计和指导主体，特别是研学旅行活动设计和指导主体中的决策人物，还必须学习运用哲学。哲学是各门科学知识的最高概括，具有认识世界和改造世界的多种特殊功能，它为指导教师提供纵观全局、预测未来、揭示因果、防微应变的方法论，也为指导教师如何正确决策确定价值坐标。是按照唯物主义观点或唯心主义观点来决策，是以系统辩证的方法或以形而上学方法来处理研学旅行活动中的有关问题，直接关系研学旅行活动的成败。所以，不懂哲学的人是不宜充当学生管理工作者的，现代学生管理工作者必须学好哲学。

其次，研学旅行活动设计和指导主体还应具备丰富的教育工作经验和实践能力。知识作为研学旅行活动设计和指导主体的一种潜能，还只是研学旅行活动的一个前提条件，它只意味着搞好研学旅行活动的可能。要使可能变为现实，指导教师还应具备将各种知识转化为相应的研学旅行活动工作能力，不断在研学旅行活动实践中学会如何具体应用这些知识。这就是说，在研学旅行活动中知识固然很重要，没有足够的相关知识自然谈不上能力的培养，因为能力不是凭空产生而是由知识转化而来的，将知识同能力、理论同实践对立起来片面强调实际工作能力的观点是不正确的。但同时也必须明白看到，知识并不等于能力，有知识而无能力只能是空谈家而不可能成为优秀的指导教师。从这个角度分析，能力比知识更为重要。当年恩格斯在《给〈萨克森工人报〉编辑部的答复》一文中对少数年轻干部奢望党的领导地位曾经这样说过："他们那种本来还需要加以深刻的批判性自我检查的'学院式教育'，并没有给予他们一种军官官衔和在党内取得相应地位的权利；在我们党内，每个人都应该从当兵做起；要在党内担任负责的职务，仅仅有写作才能或者理论才能，甚至二者全都具备，都是不够的；要担任领导职务，还需要熟悉党的斗争条件，掌握这种斗争方式，具备久经考验的耿耿忠心和坚强性格，最后还必须自愿地把自己列入战士的行列中。"我国古代法家韩非子在选拔高级官员时也提出："故明主之吏，宰相必起于州部，猛将必发于卒伍。"这都说明知识不等于能力，能力是在研学旅行活动实践中从知识逐步转化而来的。

研学旅行活动设计和指导主体的工作能力有多方面表现，根据笔者对研学旅行活动的研究认为大致可以分为：观察判断能力、专业技术能力、人事组织能力和分析综合能力，下面分析专业技术能力以外的几种能力。观察是指对形势的观察、预测而及时提出战略性目标；判断是指在多种计划方案中果断准确选择某一最佳方案。所谓观察判断能力就是指导教师根据自身的有关知识在特定情势下进行科学决策的能力。在这一过程中，没有相应的知识是无法对形势进行深刻分析和对方案作理智果断选择的，否则只能是武断决策或盲目拍板。如果仅有相关知识而缺乏敏锐的洞察能力和沉着大胆的决断作风，只能瞻前顾后、犹豫不决，结果必然失去稍纵即逝的机会。所以，观察判断能力是研学旅行活动设计和指导主体特别是决策层所应具备的基本能力。所谓人事组织能力即领导能力，其核心是如何看待人、怎样处理组织内外的人际关系。作为一个研学旅行工作领导者，必须要有识才的慧眼、爱才的热情、用才的技巧、护才的胆略和驭才的谋略，才能将不同专长、气质、性格、职责的人才合理组织起来。相反，无识才之眼、容才之量、护才之胆、用才之能、驭才之谋的人，只能是孤家寡人。这种人事组织能力固然依赖于人文社会科学知识，但更主要是通过人事组织工作的实践逐步积累的。所谓研学旅行活动组织能力，是指导教师对他所面对的特殊活动的了解熟悉程度，包括研学旅行知识的运用能力和技巧，对研学旅行涉及的具体环节的了解和把握。这种能力是指挥过程不可缺少的基本功。不具备这种能力就无法进入指挥别人工作的研学旅行活动领导者角色。当然这并不是要求研学旅行工作领导者门门通、样样精，而只是要求对开展研学旅行活动的各个环节各个方面要有基本的全面的了解，绝非外行。

所谓综合分析能力是指指导教师的思想技能，是指指导教师分析综合研学旅行活动系统各个方面、各种情况而对系统各活动要素进行有效控制的理性思维能力。从研学旅行活动决策确定目标开始，到目标的最终实现，指导教师自始至终围绕着如何实现工作的优化目标而不断调控系统组织各部门各环节的活动方式。而要做到这一点，是没有一成不变的模式可循，研学旅行工作领导者必须随时分析现状、综合情况。这种分析综合是很难从书本上直接学到的，只能在结合研学旅行活动实践逐渐摸索。

再次，研学旅行活动设计和指导主体总是同一定权力相联系的。所谓权力，是按照预定方式引起别人心理或行为变化的权威和能力。它是通过约定俗成或通过法律程序所赋予的一部分人对另一部分人的影响力和支配权。权力作为一种欲望，人皆有之。但权力欲并不可能无条件地转化为现实的权力，拥有权力的人只能是少数。我们所说的活动设计者和指导教师，正是权力的拥有者。所谓研学旅行活动设计和指导主体，一定要有相应的影响支配别人的权力。至于这种权力是通过习惯由一些人传递给另一些人，还是通过某种学校的规章制度赋予一些人，无论人们对之采取何种态度，它都是研学旅行活动设计和指导主体的质的规定性。只有获得现实的研学旅行活动权力的主体才能成为真正的研学旅行活动设计和指导主体，否则就不能区别研学旅行活动设计和指导主体和研学旅行活动客体，指导教师就无权决策，无法对活动中的学生行使指挥、调度、奖惩、控制。研学旅行活动就会成为一句空话。中外传统文化中有一种观点认为，权力欲是人性中邪恶的一面，权力无论其性质如何统统是有害的。在这种观点看来，人生来是平等的，不能有支配别人的想法和行为。它们主张社会不应由权力而应由"仁义""礼让"或理性道德来治理。现代无政府主义更是反对一切权力，主张打倒权力的象征——国家和政府。有一种观点认为：中国是社会主义国家，人民是国家的主人。因此，从尊重学生的角度出发，研学旅行活动不能凭借权力而应当凭借威信来进行，否则就违背了社会主义的原则。上述这些说法都是对权力的曲解和对研学旅行活动的无知。其实，权力欲并非都是邪恶的，权力也不都是有害的。相反，在有分工有协作的社会生产和生活中，权力欲的产生和权力的运用不仅是必然的，而且总的说来是合理的。恩格斯在《论权威》中更明确地指出："联合活动，互相依赖的工作进程的复杂化，正在取代各个人的独立活动。但是，联合活动就是组织起来，而没有权威能够组织起来吗？"可见，权力是社会发展的产物，也是研学旅行活动设计和指导主体质的规定。如果失去权力或有权力不敢运用，研学旅行活动设计和指导主体就不复存在。

最后，研学旅行活动设计和指导主体还是同威信联系在一起的，指导教师个人或集团的威望和信誉是研学旅行活动设计和指导主体的又一质的规定性。所谓威望，是指指导教师良好的品德和超常的能力在学生中造成的特殊影响力。所谓信用，则是指指导教师和学生通过活动为载体交往、相互沟通所形成的后者对前者的尊重的信任。同权力不同，威信不是由习惯和法律自外赋予研学旅行活动设计和指导主体的，而是学生对指导教师的一种认同，是指导教师自身造就并通过学生所赋予的。在一部分人影响另一部分人的心理行为的意义上，研学旅行活动设计和指导主体的威信也是一种权力，因为凭借威信同样可以达到支配别人的目的。所不同的是，权力是一种强制影响力，威信是一种自然影响力，前者是由地位决定的，后者是自发产生的。所以，权力同威望并不一样，不能认为有权必威、有权必信，威信同权力是构成研学旅行活动设计和指导主体的两个并列的内在规定性。有一种观点认为，研学旅行活动既然是一部分人支配另一部分人的行为活动过程、因而权力之中就包含着威信，威信是从权力地位中自然产生的。根据这种看法，有权必威，有权必信，权力必然产生权威。事实并非如此，权力和威信并不具有必然的联系。有权是否同时具有威信，这要看指导教师如何看待权力和运用权力，看他是否正确对待学生。一般来说，只有不迷信滥用权力的指导教师，才有可能恰当地运用权力，由此才能逐渐树立威望并取信于学生。相反，认为权力是万能的，以为有了权就有了一切，就可以颐指气使、以权压人，企图采用简单的行政命令手段去进行研学旅行活动，必然引起学生的反感和抵制，指导教师就会因失去学生的信任而成为虚设的主体。可见，要搞好研学旅行活动，除去要掌握一定的权力，还要辅之以指导教师的威信，使学生不是从形式上而是从实质上接受研学旅行活动指令。

知识、能力、权力、威信，这四者就是研学旅行活动设计和指导主体必备的四重规定性，缺一不可。

二、研学旅行活动设计和指导主体的系统结构

研学旅行活动是一种复杂特殊的社会实践活动，不可能通过一人来单独进行，而必须协同一部分人来共同完成。在当代高校，参与研学旅行活动的人各有其不同的职责，研学旅行活动系统通常又是由决策人员、智囊人员、执行人员和监督人员按一定方式组成的有机整体，我们称之为研学旅行活动设计和指导主体系统。而随着社会分工的发展和社会生活的日趋复杂，研学旅行活动所需的主体系统也日趋复杂，结构的变动性日益明显，结构的优劣对研学旅行活动的效率起着十分巨大的作用。

处在研学旅行活动设计和指导主体系统最高层的是决策人员，他们是具有决

策权和对整个研学旅行活动系统负有最终责任的领导者。在现代社会，决策权绝不能再由少数个人"乾坤独断"，而应由集体民主决策，这就要求领导者大兴民主作风，并注意选拔不同专长的人参与决策层工作，例如，让学生代表加入决策工作中来，努力造成一个具有最佳人员结构的决策班子，形成一套科学民主的决策体制和决策程序。

为使决策科学化而避免主观武断，各级决策机关还设有规模不同的智囊团或思想库。中国古代就有皇帝咨询的机构和地方行政长官的幕僚，以及军队中的参谋人员，即属智囊人员。现代社会，上至国家政府，下到各个大型企业，凡进行计划、统计、预测、咨询、研究的专家或团体，均属一定决策层次的不同类型的智囊团体。智囊团是决策层的"思想库"，是专门为决策进行调查研究的智囊。它的职责不在"断"而在"谋"，专为决策提供最优化的理论、策略和方法。在开展研学旅行，也要善于使用外脑，在经过学校上一级领导批准的情况下，建设校内外专家为主的辅助决策智囊团十分必要。因为，吸收校内外专家参加的研学旅行工作智囊团虽然无权决策，但对决策工作确是不可或缺的重要组成部分。决策人员的工作好坏，很大程度上取决于智囊团的工作。决策人员和智囊人员的关系即"断"和"谋"的关系：谋是断的基础，断是谋的结果，二者既不等同彼此区别，又相互依赖彼此促进。研学旅行活动设计和指导主体系统越发展，断和谋的职能越清楚越完善，彼此配合协调也越自觉。如果指导教师企图集谋断于一身并以此显示自己的领导才能，那么就会很容易导致决策失误，严重时则会误导学生。

研学旅行活动设计和指导主体系统的第三层次是执行人员。执行人员是研学旅行活动设计和指导主体系统中的基层领导者，其任务是根据决策者的决策方案，从事制定具体计划、组织和指导学生，任务是贯彻执行方案。不同层级的执行机关在贯彻执行上级决策时，首先应当不违背决策的基本要求，不得随意更改上级决策。更不允许借口情况特殊另搞一套。否则便是越权，执行层就变成决策层了。不过执行又并非机械照搬，简单执行，各级各部门因有不同情况，上级决策不可能详尽规定各个方面的内容。这个时候就要求执行者必须根据实际将上级决策具体化，对上级决策包括不到的部分再决策。所以执行过程同时也存在着决策过程，执行人员不单执行也有进行中观决策的任务。一般来说，执行某一项决策的中间环节越多，或者说执行链越长，其执行人员就负有越重的中观决策的任务。只有在一个层次少、执行链短的部门，决策人员和执行人员的职责才是分明的。这就是说，在理论上，我们可以而且必须将决策层和执行层相对分开来加以研究。但在事实上，尤其在体系庞大的研学旅行活动人员系统内，最高层的决策人员和智囊人员是确定的，而中层的执行人员同时也负有不同程度的决策任务，执行人员同中层决策人员常常是混而为一、不能截然分开的。研学旅行决策和执行的关系非常复杂，需要指导教师坚持正确的工作方向，分析具体问题大胆创新，这样才能做好研学旅行活动。

为保证决策的贯穿实施，随时了解决策是否符合实际和执行部门是否按照决策执行，研学旅行活动设计和指导主体系统还可以设置相关的监督人员，其任务是跟踪捕捉执行过程中的偏差信息，并将它及时反馈到决策层。如果属于决策同实际的偏差，便由决策层修改原有决策；如果属执行中的偏差，则由上级权力机关勒令执行人员纠正偏差。在决策的执行过程中，认为决策的绝对完美绝对理想和设想执行中绝对准确绝对一致是不现实的。由于多种原因，决策的执行必然是一个充满矛盾的过程，监督人员就在于及时发现执行过程中的矛盾。只有借助于监督控制，才能保证执行人员步步逼近决策目标。

一般来说，在研学旅行活动中，监督人员常常是由决策人员兼任的。在开展研学旅行活动中需要注意两方面问题：一方面监督人员绝对不能缺少，另一方面也不能由执行人员兼任监督人员。如果这样就等于取消了监督，"监""守"合一，就会给各种形式的"监守自盗"提供可能，从而使研学旅行活动失控而流于混乱。另外，监督工作是一项十分复杂极为严肃的工作，它需要监督人员不仅要有相关的专业知识以便能敏锐及时发现问题，更要求有对事业的忠诚和对事不对人的高度责任心，敢于向上反映问题并督促纠正偏差。

总之，研学旅行活动设计和指导主体系统是由上述4个子系统有机组合而成的，决策人员、智囊人员、执行人员和监督人员共同构成统一的研学旅行活动设计和指导主体。其中，决策人员是整个系统的"大脑"和"灵魂"，决策是否恰当和及时，直接关系着研学旅行活动的成败。智囊人员作为决策人员的助手，是整个系统的"外脑"或"思想库",帮助决策层"运筹帷幄、决胜千里"。执行人员则是研学旅行活动的"躯干"或"主体",决策只有通过他们的工作研学旅行活动目标才会变成现实。而监督人员相当于研学旅行活动系统的"眼睛"和指示仪,对研学旅行活动起着监控、调整、跟踪和定向等多重作用。在研学旅行活动中,设计和指导主体系统要发挥正常的研学旅行活动功能,必须上述4类子系统各司其职协同配合,其中任何一类人员不任其职、不尽其能,研学旅行活动设计和指导主体的研学旅行活动功能就得不到正常发挥。如果互相掣肘,扯皮内讧,研学旅行活动设计和指导主体系统便会因内耗而无法发挥作用。

三、建立健全研学旅行活动设计和指导主体系统的基本原则

研学旅行活动设计和指导主体是由决策、智囊、执行、监督四大子系统有机组成的共同体,如何建立健全最优化的研学旅行活动设计和指导主体系统则是搞好研学旅行活动的关键所在。

要建立一个理想的研学旅行活动设计和指导主体系统,首先要坚持目标择优原则,即根据研学旅行活动目标的要求来选择确定研学旅行活动人员。具体来说:第一,要因事设人而反对因人设事,研学旅行活动人数的多少应根据被管人数的多少和事务的繁简确定。这在管理学上称为"管理跨度"。根据经验,管理者和被管人员一般在1:7左右为宜。比例过大,管理跨度太宽,管不过来;过小,人浮于事,政出多门,不仅造成人力的浪费,而且难于统一意见,仍然管不好。这里所说的管理跨度或人员比例,是指上级同下级的比例关系,它既包括决策人员同执行人员的数量比例,也包括上级执行人员同下级执行人员的比例,还包括执行人员同操作人员的比例。而不包括智囊人员和监督人员。在组建研学旅行活动设计和指导主体系统时究竟以多大的比例为宜,应视具体情况而定,不过原则上仍必须遵守一定的研学旅行活动跨度。研学旅行活动设计和指导主体,既不能"韩信用兵,多多益善",用很少的人去管很多的人;更不能倒过来,多个领导一个兵。第二,在确定研学旅行活动设计和指导主体的总人数之后,紧接着还要根据工作的需要对不同的研学旅行活动人员的人数进行再分割。一般来说,决策人员只能是少数,大量的是执行人员,智囊人员和监督人员的人数无一定之

规，要视研学旅行活动的性质而定。所策划的活动对象越是复杂多变，智囊人员和监督人员的人员配备应越多。而所设置的活动相对简单比较稳定，其智囊人员和监督人员的人数相对减少。

要建立一个理想的研学旅行活动系统，还必须根据系统要素特性互补的原则，来挑选领导成员和组建领导班子。系统论认为，系统是由若干功能相异而又彼此补充的要素按一定结构有机组成的统一体。如果要素属于同一性质，那么这种系统就会因为功能单一、缺乏互补性而成为一种机械系统。在开展大型活动组织相关队伍时，正确的做法是注意将不同特点的人安排在合适的位置上。具体说来，应坚持以下几种互补原则：第一是知识互补和能力互补。即将不同知识型和能力型的成员组成一个领导团体，避免"清一色"的"理论型"或"实干型"的"近亲繁殖"。第二是气质互补和性格互补，即将不同性格不同气质的人相搭配，使之相互补充对方气质性格缺陷可能造成的错误，如将果敢型的人与沉稳型的人搭配起来，思索型的人和实干型的人结合起来。第三是性别和年龄互补。性别在当代研学旅行活动中具有越来越明显的独特功能，年龄则与经验、作风、对事物的敏感程度相联系。理想的工作队伍不应由相同性别和同一年龄段的人组成，而应当男女适度配搭，由老中青3个年龄段的人组成。老年人阅历深、经验多，青年人对新事物敏感、富有锐气；男人一般胆大而心粗，女人一般胆小而心细。只有将不同性别年龄的人组合在一起才能形成功能互补。反之，则收不到系统的整体优化效应。研学旅行的性质决定了在实际工作中可以通过吸收校外机构加入智囊团等方法解决上述问题。正如列宁在谈如何组织苏维埃领导机关时说："最好是使这个机关有各种各样的人员，使我们看到这个机关是多种品质和各种优点的结合……举例来说，假定组成这个新的人民委员会的工作人员是一个模子的人，比如都是官吏型的人，或者没有鼓动员性质的人，或者没有善于交际或深入他们不太熟悉的群众中去的人等，那就糟糕透了。"

由不同知识能力、性格气质、性别年龄组成的主体系统，各成员间要做到功能互补，同时还必须克服各种障碍，做到心理相容。因为各个成员有不同的经历、气质、性格，他们之间在心理上是有障碍的；每个成员的知识结构、工作能力不同，彼此间便缺少共同语言；年龄、性别和价值观念、思想方法不同，对问题的看法也不可能完全一致。这样，如果研学旅行活动设计和指导主体系统缺乏将不同成员在心理上沟通起来的机制，集体成员之间就会相互防范、关系紧张、同床异梦、矛盾重重。这自然谈不上功能互补，而只能将时间和精力消耗在大量的内耗之中。

要使不同特质的领导成员做到功能互补，必须先使他们之间做到心理相容。而要做到心理相容，则是一件极为复杂的思想工程，需要异中求同，培养灌注以下几点意识。

第一，确认共同的价值目标。人们的观念不可能完全相同，但既然同为一个研学旅行活动设计和指导主体系统的成员，必须要有共同追求的价值目标。如果价值目标不统一，各怀一己之私，是必然互不相容的。只有为了一个共同目标走到一起，才可能求大同存小异，形成共同的价值观念，做到彼此配合、相互谅解。中国共产党在民主革命时期提出的"五湖四海"思想，堪称这方面的典型。

第二，确认互助互利的系统观念。按照系统论，子系统不能脱离系统而独立存在并发生作用，系统因素都以别的因素的存在作为自身存在的前提。所谓互助互利，即指研学旅行活动设计和指导主体系统的各个成员只有相互配合才能发挥系统的研学旅行活动功能，自身才能从中获得成就感。只有当互助互利的观念为各成员所接受，变成自觉的意识，成员之间才可能相互支持、相互配合。

第三，要形成互相尊重的环境气氛。一些指导教师在比较年轻时就被选拔到领导岗位，一般都具有超出常人的某种才能，自我意识很强烈。但这些人由于年轻，有时缺乏对自身的正确估计，容易苛求与之共事的同事，甚至缺乏相互之间尊重。要改变这种状况，就必须提倡"己所不欲、勿施于人"的观点，培养宽容互谅和谦虚谨慎的精神，善于学习别人长处、尊重他人的人格；提倡同事间多接触、多谈心，增进相互了解，增强心理上的融合感。这就有可能开启心灵门窗，沟通思想渠道，凝成团体意识，做到心理相容。

四、研学旅行活动设计和指导主体的行为方式

研学旅行活动设计和指导主体要想有效引导好学生人生方向，正确的行为方式非常重要。如果研学旅行活动设计和指导主体的行为方式不正确，即使是一个

人员素质高、系统结构优良和领导体制恰当的研学旅行活动系统，也很难发挥良好的作用。

研学旅行活动设计和指导主体的行为方式即研学旅行活动设计和指导主体的活动方式或工作方式，它是在特定的文化环境和组织环境中长期形成的思维定式和行为模式。文化环境和组织环境不同，指导教师认识和处理问题的方式也不同。从而形成形形色色的工作行为方式或类型。

1. 独断型的研学旅行活动方式

这是官僚主义工作方式之一种，其表现为武断自信，听不进别人意见，凡事无论大小皆由一人独断，要求别人绝对服从、唯命是从。

2. 放任型的研学旅行活动方式

这是与独断型刚好相反的另一种研学旅行活动方式，其表现为指导教师不愿或不敢行使自身应有的权力，该管的不管，放任下属"自由"行事。放任型研学旅行活动方式的产生有其复杂的历史文化原因，在现实中也存在各种各样的具体表现。中国道家"无为而治"的思想．资产阶级人道主义抽象的自由平等观，以及蔑视权力的无政府主义思潮，都可以诱发和导致放任型的工作方式。在现实中我们常常可以看到，有的领导抱着"无为而无不为"的宗旨，以为少揽权才能发挥下属的积极性，结果适得其反；有人错误地将权力和民主、研学旅行活动和平等对立起来，以为权力和研学旅行活动必然破坏人们的自觉性，结果这个集体因缺乏约束机制各行其是，一盘散沙。

3. 事务型的研学旅行活动方式

这种工作方式既不同于独断，独断型是指大小事个人独揽专断，具有排他性；也不同于放任，放任型是完全或基本放弃研学旅行活动，任由他人擅自行事。所谓事务型的工作方式，是指指导教师分不清自己该管哪些事，常常忘记自己的工作职责而纠缠于不该管的事务，从早到晚成年累月陷入数不清的日常事务当中。出现事务型的工作方式，从根本上说是缺乏现代观念，忘记了自己在研学旅行活动系统中的职责。

4. 以事务为中心的研学旅行活动方式

这是相对于以人为中心而言的一种较普遍的研学旅行活动方式。所谓以事为中心，是指指导教师仅以工作为中心，而将人当作实现其工作目的的手段。研学旅行活动作为一种能动的特殊实践活动，有其明确具体的组织目的或行为目标，无论何种研学旅行活动，都应提高工作效率并保证工作质量。这种行为方式是建立在对人性错误估计基础上的工作方式，是轻视人的机械工作方式。随着社会的进步、人的觉醒、研学旅行活动对象的复杂化，这种方式显然已暴露出它的弱点和缺陷，迫使指导教师转向以人为中心的现代工作方式。

5. 以人为中心的民主的研学旅行活动方式

这是现代社会普遍公认的较好的工作方式，但又是研学旅行活动设计和指导主体难以准确把握的行为方式。这种研学旅行活动方式首先要确认培养学生是研学旅行活动的根本目的，一切工作行为最终都是为了提高学生的素质、满足学生树立人生理想的需要。其次要确认人是研学旅行活动的中心，一切工作行为都应通过人来开展。这里的人不仅指指导教师，也包括学生。而要实现这一目标，就不能将学生当作单方面接受指导教师指挥的纯粹受动者，而应看成有追求、有需要、有权利、能创造的能动者。既然如此，传统的独断专制和习惯采用的以事为中心的工作方式就应被排斥在指导教师的行为方式之外，民主的研学旅行活动方式也会最大限度地发挥作用。以人为中心的民主的研学旅行活动方式就应运而生，研学旅行活动就不再只是少数教师的权力。当然，这样做并不意味着学生可以不接受教师的指令，也不意味着无条件地一切按多数学生的意见办。在具体的工作中要做好如下工作：第一，充分尊重和信任学生，注意广泛吸取学生的意见，做到择善而从，并形成习惯和制度；第二，充分调动学生的积极性，培养他们的能动性和创造性，善于依靠人而不是仅仅依靠制度和命令去开展研学旅行活动；第三，增加研学旅行活动决策的透明度，自觉接受学生的监督；第四，一切研学旅行活动都应以尊重人和关心人为目的。

第二节 研学旅行活动客体

客体是相对于主体而言的对象，研学旅行活动客体是研学旅行活动主体所作用的对象。研学旅行活动既然是研学旅行活动主体作用于研学旅行活动客体的特殊实践活动，因而在研究研学旅行活动主体的规定、结构、研学旅行活动体制和主体的活动方式之后，还必须进而考察研学旅行活动对象的规定、特点、组织结构和活动方式。

一、研学旅行活动客体及其构成要素

客体在一般意义上，是主体有目的有计划作用的对象。其中，凡被人们有目的有计划地认识和考察的对象，被称为认识客体；凡被人们有目的有计划地加以控制和改造的对象，被称为实践客体。因此，客体范畴是一个包容甚广的哲学范畴，凡人类思想和活动所涉及的一切对象，都可以被称为客体。

研学旅行活动客体就是人们常说的研学旅行活动的对象。笔者认为：研学旅行活动的对象，即人、财、物、时间、信息 5 个方面因素是研学旅行活动客体。

研学旅行活动作为一种特殊的教育实践活动，是研学旅行活动主体按照某种预定目的计划、组织、指导、控制某一实践活动的特殊实践。因此，从事研学旅行工程计划设计、组织协调、控制管理的人、具体执行和参与研学旅行计划的人（包括学生）都可以是研学旅行活动主体，研学旅行活动涉及的因素则是其工作的客体。这种客体不是通常意义上说的静态客体，而是特殊意义上积极能动的动态客体；这种客体既包括实体性因素人、财、物，也包括非实体性的功能因素和结构因素如人的思想状态、人的活动方式、人员组织结构、人与人的信息沟通以及被人控制的时空等。研学旅行活动客体之所以成为研学旅行活动主体有效作用的对象性客体，正由于上述诸要素进入了被控制的实践活动领域。如果研学旅行活动客体不是某一正在进行的实践活动，诸要素没有进入现实的实践活动领域，那么，无论是人还是物，也无论是时间和信息，都不可能成为研学旅行活动的对象。

研学旅行涉及实践的类型是多种多样的，因此在不同的研学旅行活动中构成客体的具体要素也多少不一、形质各异。但是，从哲学的角度来看，无论何种研学旅行活动客体，都是由从事某种实践活动的人和实践赖以进行的物两类要素所构成。其中，人的要素又可以包括人的思想（价值观念、意志情绪、认识能力）、人的行为（行为方式、行为趋向、行为方法）、人员结构（组织结构）和人际关系；物的要素则包括物资、资金、环境、时间、空间和信息等。因为在开展研学旅行活动时，物资采购、资金申请都可以依据学校规章实现，所以下面就上述因素中的其他重要因素一一分析。

1. 人的思想

说人（主要是指学生）是研学旅行活动客体要素，首先需要关注的就是人的思想，因为人是有思想的理性动物，而不是无思想的机器或动物；当代学生是思想最为活跃的群体，解决思想问题是第一要务。人的思想虽然无形但并非不可捉摸，人的思想对于个人来说诚然是一种反映客观的主观，而当它作为被他人认识和影响的对象，又是一种被反映被掌握的不以研学旅行活动主导者意识而改变的事实因素。这说明学生的思想虽然是一种无形的精神，但对于指导教师则同样具有可知性和客观对象性。研学旅行活动既然是一部分人通过教育另一部人去进行的某一实践活动，那么研学旅行活动主体自始至终必先了解学生的意愿、关注他们的情绪、激励他们的情感、培育他们的才智、树立他们的观念，从而使学生的思想成为可预测、可感知、可跟踪引导的对象。

2. 人的行为

人的行为即人的现实活动。同人的思想比较，它具有明显的客观物质性和目的方向性。当学生参与研学旅行活动时，就同指导教师产生联系，其活动就不再是完全自主的，成为受研学旅行活动主体支配的对象性客体。研学旅行活动之所以可能，正在于一部分人的行为方式、行为趋向以至活动方法不能任由自己支配而需接受别人的引导、规定及指挥。在具体的活动中，学生干什么、怎样干、为什么而干，很多都由指导教师来决定。同时，一些协助参与活动教师，在研学旅行活动中如何教，必须接受学校相关部门和国家有关机关的指导，不得违背他们规定的教学目的和教育方针，其行为趋向也构成学生研学旅行活动的客体要素。

3. 人员结构

作为研学旅行活动客体要素的人不是以个体的方式而是以群体的方式而存在。群体究竟以何种结构方式进行活动，对研学旅行活动的成效影响极大。因此，研学旅行活动客体要素不仅包括参加研学旅行活动的人的思想、人的活动，还包括人与人的组合方式或组织状态。指导教师只有根据不同的活动目的来建立对应学生的组织系统并根据情况的变化适度调整组织结构，才能使对学生的培养工作取得成效。

4. 人际关系

人际关系是指组织内人与人之间发生的关系，它既包括研学旅行活动主体之间的关系，也包括研学旅行活动主体同研学旅行活动客体、研学旅行活动客体之间的关系。正是由于组织内人与人的关系常常不和谐需要调整，因而人与人之间的关系也就成为研学旅行活动的对象。无论在什么样的人群系统中，人与人之间总会产生各种各样的矛盾，这是任何组织、领导者预先不可能防止的，是不以指导教师的主观意愿为转移的。所以研学旅行活动就包含着对人际关系的研学旅行活动调整。设想建立一个无矛盾的组织系统，显然是不可能。在集中食宿的研学旅行活动中引导教育学生处理好人际关系十分重要。

5. 环　境

环境也被称为组织环境，它是存在于研学旅行活动系统之外又影响研学旅行活动系统的一系列因系的总和，包括研学旅行过程中涉及的生态自然环境、社会环境、政治法律环境、科技文化环境等。环境对于研学旅行活动的作用具有两重性。一方面，环境作为研学旅行活动系统的存在条件，是既定的、外在的因素。可以说，是具体的环境选择决定具体研学旅行活动系统。凡是适应特定环境的组织才能存在，与环境不适应者便会灭亡。在这个意义上，环境不是研学旅行活动主体可以驾驭改变的客体。另一方面，研学旅行活动主体是具有主观能动性的人，因而研学旅行活动系统又不可能被环境完全左右，在一定范围内和一定条件下，它可以按照自身的需要去选择环境、改造环境，并与环境建立起互通物质、能量和信息的和谐平衡关系。在这个意义上，环境就成为研学旅行活动主体的重要工作之一。学校应当在坚持党的一系列教育方针的前提下，大胆改革、勇于探索，想方设法改造现有的环境，或者开发利用不利环境中的有利因素。因此，笔者认为：环境决定研学旅行活动，研学旅行活动又改造环境。如果看不到前者，会犯唯心主义错误；而抹杀了后者，就会走向机械唯物主义。

6. 时　间

在哲学上，时间被看成物质存在的基本方式之一。物质处在绝对的运动中，运动着的物质所固有的过程性、延续性和先后承续性，这就是时间。在研学旅行活动客体诸要素中，无论是人的要素还是物的要素，无一不同时间有关，或者说都在时间中运动、转换、匹配。因此，研学旅行活动的客体要素也包括时间。因为时间本身是不会被人所改变的，所以，时间不会随人的意志而改变其固有的不可逆性；要使学生充分认识时间的价值和提高时间的使用效率，就要求指导教师对学生进行时限控制、时机选择和时效教育。学生是在一定的时间中活动的，因而开展研学旅行活动时不仅要引导学生思想和行为，还必须对其活动的时间期限做出规定，否则就谈不上科学化研学旅行活动。即使对活动所涉及的物和信息，也应当有时限控制，超过规定时限的有些物资可能变质，有些信息可能失效。时机选择是引导或指示学生恰当选择和准确把握某种机遇，充分发挥时间的效率价值，达到在正常情况下所达不到的目的。时效是指相同时限内的不同工作效率。时效教育就是向学生灌输时间就是效率的观念，引导学生在研学旅行过程中相对短的时间内发挥出最大的效益。虽然时间对每个人是平等的，时间本身具有不以人的意志为转移的客观性；但是人对时间价值的认识和利用时间的方式又大有差别。当代社会，随着生活节奏的加快，教育学生养成时间观念，学会有效地利用时间十分重要。

7. 信　息

在自然界，虽然客观存在着多种多样相互关系的信息，而且这些信息客观地经历着传递、接收、处理和反馈的过程，但这一切只是"自然"地进行着的。信息是人类为了解、沟通外界客观对象以提高其组织性而开展的自觉活动。美国贝尔公司的申农博士认为，信息是消除随机不定性的东西。其通信功能就是消除不定性，信息就是用被消除的不确定性之大小来衡量。控制论的创始人维纳也认为，信息和熵刚好是两个相反性质的概念，前者标志系统的组织程度，后者表示组织解体的量度，信息可以提高系统的组织性。由此可见，信息普遍存在于或者说依附于物质和活动之中，并对任何一种系统的组织和运行状态发生自觉或不自觉的影响。因此，在研学旅行活动中，为了防止内部混乱而加强其组织性，就必须收集大量信息、分析整理有关信息，利用信息来进行科学的预测和决策，调整控制其研学旅行活动客体，从而使组织系统内部保持和谐，建立与环境的稳态平衡。相反，如果以为信息看不见摸不着，不对信息加以收集整理，研学旅行活动就可能陷入"盲人骑瞎马，夜半临深池"境地，甚至导致主观蛮干。

综上所述，研学旅行活动客体，包含人、财、物、时间、信息、环境等多种要素，是一个结构复杂的多元动态系统。

二、研学旅行活动客体的基本特点

研学旅行活动客体具有实践的客观实在性、主观能动性和社会历史性等一般特征。同时，研学旅行活动客体作为主体所作用的对象性客体而存在，同时又具有可控性、系统组织性等具体特征。下面就这些特征一一分析。

研学旅行活动客体系统中的物、财、信息、环境、时间等因素，它们的存在都是客观的。作用研学旅行活动客体的人虽然是有目的、有意识的，但人的存在及其活动同样是客观的，同样服从于一定的客观规律。指导教师虽然进行的是引导工作，但仍然不能随心所欲地对他们施加影响。研学旅行活动客体的客观性说明，研学旅行活动主体的一切活动，首先必须从客体的现实情况出发，遵循唯物主义的客观规律。如果不从研学旅行活动客体的现实存在而仅仅从研学旅行活动主体的愿望出发，就会将研学旅行活动引向错误的深渊。

研学旅行活动客体的主观能动性，所指的就是研学旅行活动客体系统中学生的主观能动性或自觉的主动性。这就是说，学生既是研学旅行活动中受动的对象性客体，又是实践活动中能动的创造性主体。没有学生的这种主动创造性，就不可能有真正意义的研学旅行活动。另外，即使在研学旅行活动中，作为研学旅行活动客体的学生也并非只具有客体的性质，很多情况下，有些学生比如学生干部也同时参与部分决策工作，这种参与也体现着他们的主动创造性。如果学生不主动发挥作为人的主动创造性，或者指导教师不更多关注学生的实际情况，学生作为研学旅行活动客体就失去了它的活力因素，真正有效的研学旅行活动也就难以实现。

研学旅行活动客体的社会历史性包括两层含义：其一是说，研学旅行活动客体系统及诸要素是在社会大环境中形成的,不可能脱离一定的社会环境孤立存在。或者说,研学旅行活动客体不是绝对封闭的系统,而是作为社会大系统的一个子系统与其环境进行物质、能量、信息的交换。如果脱离人类社会,人既不能作为客体身份进入任何系统,物也不能成为被人改造的对象或客体要素,二者更不能耦合为完整有序的研学旅行活动客体系统。其二是说,研学旅行活动客体及要素既然存在于社会大系统之中,它将随时代的变化而不断变化,以保持它与社会环境的动态平衡。因此,在现实中,没有一成不变的抽象的研学旅行活动客体,只有变动的具体的研学旅行活动客体。

研学旅行活动客体不仅具有普遍实践活动的客观性、能动性和社会历史性,同时还具有可控性。只有当主体真正认识了客体的特点、性质、活动规律并有能力有条件控制它的活动,它才能成为现实的研学旅行活动客体,才能从主客体的关系中获得客体的属性。

三、研学旅行活动客体系统的优化

研学旅行活动客体作为由人和物多种因素构成的复杂人工开放系统,还具有系统的若干特性。

首先,研学旅行活动客体的各要素不可能孤立存在,它们之间彼此作用,相互关联,具有相关性。这就要求研学旅行活动主体树立系统整体观,注意各要素之间或显或隐、或直接或间接的联系,防止就事论事和"单打一"的工作方法。特别是在对待人的问题上,更要注意其系统组织效应。客体中的人绝不是孤立的个体,而是彼此利益相关、声息相通的群体。因此,当我们在表扬、奖励或批评一个人时,不能着眼于一人一事,而应着眼于这一人一事对个人的影响、考虑到它的组织效应。如果指导教师以为一人一事无关大局,放松必要的引导工作;或者就事论事,采用不适当的工作方式,结果都会从两个极端扩大事态而造成失控。

其次,研学旅行活动客体是一个全方位开放的开放系统,系统各要素与外部环境进行着多通道多形式的物质、能量、信息、人员的交流。客体系统的这种开放性又要求研学旅行活动主体改变传统的封闭意识,树立现代的开放意识。只有敢于开放的研学旅行活动主体，才有可能在不断的开放中拓宽有利于系统生存和发展的环境，从外界积极汲取负熵抵消系统内部必然出现的熵增，从而在动态中维持平衡有序。相反，一味把自己封闭起来，不敢或不准研学旅行活动客体与外界环境接触往来，可能在一个时期这个系统是稳定和谐的，但时间一长，内部的熵增大而又不能从外界获取负熵，其结果必然导致组织的离散解体。

最后，系统总体效用不等于各元素的累加和，而是大于或小于各元素的累加和，其结果取决于系统要素组合结构的优劣。自然系统的结构组合是自然形成的，本无所谓优劣之分。研学旅行活动客体系统的组织结构则有优劣之分。如何判断组织结构的优劣和如何追求实现最优化的客体组织结构，是研学旅行活动主体经常面临的重大课题。

要做到研学旅行活动客体组织的最优化，必须遵守以下3点。

第一，研学旅行活动客体要素之间必须具有质的适应性。所谓质的适应性，是指客体诸要素的质应当可以实现互补，在素质上要能互相匹配和耦合。如果有的要素在质上不能与别的要素匹配，或者对别的要素起着"瓦解"变质的作用，这就叫缺少质的适应性，就不利于客体要素的优化组合。一个学校的研学旅行活动教育质量的高低，既取决于指导教师的思想文化素质，也取决于活动方案、教学设备、教学环境的好坏。只有将好教师同与之相适的活动方案、教学设备在相容的教学环境中耦合为一个教学实体，学校才有可能成为一个组织优化的研学旅行活动系统。反之，如教师水平高于或低于活动方案水平，或教学设备和教学环境太坏，就不可能优化组合，不可能有好的效果。

第二，研学旅行活动客体要素之间必须具有量的适度性。所谓量的适度性，包括诸要素数量的最佳比例、各要素在空间的最佳位置和整个客体系统最合适的规模。同时，研学旅行活动客体规模也影响组合的优劣，规模过大或过小都不利于形成最优的组织结构。客体规模过大，研学旅行活动主体难于操纵，容易失控；过小，主体人浮于事，也破坏上述的数量比例，同样不可能形成最优结构。

第三，要使研学旅行活动客体要素做到优化组合，还必须合理配置时间，形成最佳的时间结构。时间是研学旅行活动客体存在和运动的方式，系统各要素总是在时间中结合并相互作用的。时间又是各要素组合效应的标量，因此，要素组合的时间结构对系统能力和系统效应有直接影响。时间结构大致又包括客体要素的活动时间、要素流通时间、参与者的自由时间和人、财、物、信息的闲散时间。在时间既定的条件下，合理配置时间结构应尽量扩大研学旅行活动时间、适当增加参与者的自由时间，尽量缩短流通时间和闲散时间。

总之，为使研学旅行活动客体系统最优化，不仅要按照系统目标使各个要素在质上相互适应、量上合理匹配，还必须科学分割时间、配置时间和控制时间。如果其中任何一个环节出了问题，系统要素便无法耦合为一个运动系统，优化自然也就无法实现。

四、研学旅行活动主体和研学旅行活动客体的辩证关系

研学旅行活动主体和研学旅行活动客体作为研学旅行活动大系统的两极，其性质、结构和功能是完全不同、截然对立的。所有研学旅行活动，皆是由相应的研学旅行活动主体和与之对立的研学旅行活动客体组成的。如果分不清研学旅行活动主体和研学旅行活动客体，或混淆二者界限，就会产生思维和决策的混乱。同时，研究研学旅行活动主体和研学旅行活动客体二者之间的辩证关系，可以从动态上把握研学旅行活动的实质。

首先，研学旅行活动主体和研学旅行活动客体作为研学旅行活动实体系统的两极，是以对方为其自身存在的条件。研学旅行活动主体之所以居于主体地位，是因为存在着可供他们支配的客体；研学旅行活动客体所以成为被支配的客体，是因为必须追随、服从研学旅行活动主体。如果没有研学旅行活动主体，就无谓研学旅行活动客体。没有研学旅行活动客体，也不可能形成研学旅行活动主体。研学旅行活动主体和研学旅行活动客体之间是一种相互依赖的关系，两者的性质和地位是相互规定的。

其次，研学旅行活动客体受研学旅行活动主体的制约。人们常常就将研学旅行活动单方面理解为研学旅行活动主体对学生主动施加的种种影响。其实，研学旅行活动绝非研学旅行活动主体作用于研学旅行活动客体的单向活动，而是二者相互作用相互制约的双向活动。在研学旅行活动过程中，研学旅行活动主体也受到研学旅行活动客体的作用和制约。这是因为：第一，研学旅行活动计划必须根

据研学旅行活动客体的现状做出，研学旅行活动主体不能离开学生实际情况做计划；第二，研学旅行活动计划的实施有赖于研学旅行活动客体与研学旅行活动主体之间的协调，特别有赖于作为客体的人与研学旅行活动主体的合作。如果师生不能合作，研学旅行活动便无法开展；第三，研学旅行活动主体的工作行为不能是任意的，他们也必须接受纪律的约束和相关人员的监督。如果任性妄为，一意孤行，学生就可能在活动中会出现各种形式的（公开的和隐蔽的）不合作行为。因此，研学旅行活动绝不是研学旅行活动主体单方面作用于研学旅行活动客体的单向活动，而是研学旅行活动主体和研学旅行活动客体相互制约相互作用的双向活动。研学旅行活动不应仅仅理解为指导教师的能动活动，而应理解为研学旅行活动主体和学生的互助合作活动。

再次，研学旅行活动主体和研学旅行活动客体在一定条件下可以相互转化，研学旅行活动主体和学生的角色是互换的。在研学旅行活动中，人被划分为研学旅行活动主体和研学旅行活动客体两类角色。在特定的场合，研学旅行活动主体和客体的划分是确定的，一个人在具体的活动中或者扮演前者或者充当后者，而不能同时兼任两者，否则就无角色可言也无从进行研学旅行活动。但是在社会活动的大系统当中，研学旅行活动主体和研学旅行活动客体的界限又是相对的，一个人所充当的社会角色是多种多样、不断变化的。在具体的活动中，学校应当在条件允许的情况下，鼓励、支持学生自主策划活动，丰富研学旅行活动内容。同时，学生也要积极参与研学旅行活动，并学会角色转换，在不同场合负相应的责任、做不同的事，尽量避免角色冲突。

最后，研学旅行活动主体和研学旅行活动客体在一定条件下具有直接同一性，从某种意义上讲研学旅行活动主体可以是研学旅行活动客体，研学旅行活动客体也是研学旅行活动主体。研学旅行活动主客体的关系不仅如上所述，表现为两者外在的相互依存、相互制约和相互转化，甚至还表现为两者内在的直接同一，使二者结合于一人之身。所谓二者内在的直接同一，是指研学旅行活动主体以自身言行为工作对象，人既是研学旅行活动主体又是研学旅行活动客体，或者说指导教师一身二任或二位一体。研学旅行活动不仅是指导教师的事，也是广大学生的事。只有当主客体直接同一，人人都把自己既当成主体又当成客体，才可能把研学旅行逐步建设成为高质量的活动。

第三节 研学旅行活动的主客体矛盾展现

世界是充满矛盾的，矛盾存在于一切领域。研学旅行活动也是一个矛盾世界，研学旅行活动过程本身就是解决各种矛盾的过程。如在决策过程存在着主观目的和实现可能的矛盾，组织目标和社会利益的矛盾，智囊人员同决策人员的"谋""断"矛盾；组织领导过程，存在着上下级之间的矛盾、工作部门之间的矛盾、同级人员之间的矛盾；在调整控制过程，存在计划与执行的矛盾，环境和组织的矛盾，离散和协调的矛盾，等等。显然，这些矛盾的产生有其极为复杂的根源。那么，在上述各样的矛盾中，究竟有无一种贯穿研学旅行活动过程始终、决定研学旅行活动基本性质的矛盾呢？答案当然是肯定的，这就是研学旅行活动主体和研学旅行活动客体之间的矛盾。这对矛盾决定着研学旅行活动的基本形式和基本性质、引发其他矛盾的产生并制约着其他矛盾的解决。因此，研究这一矛盾便成为研学旅行活动相关问题研究中的一项重要命题。

在一般意义上，研学旅行活动主客体的矛盾是指充当主体的人同作为客体的人和物之间的对立统一关系。但是，对物的使用也是在对人进行研学旅行活动时出现的。这样，两者的矛盾又可归结为研学旅行活动过程中人与人的对立统一关系，它分别表现为主体与客体在利益和责任、指挥和服从、纪律和自由、集权和分权、竞争和协调5方面的对立关系。

一、利益和责任的矛盾运动

不同时代和不同国家的人有不同的需要，判断利益也就有不同的社会历史标准。责任作为与利益相对的概念，是指人们在社会中所承担的义务和应负的职责。如果不负责任就无权得到相应的利益；反之，不满足一定的利益，人们也就无责任可言。

研学旅行活动的开展，首先依赖于组织成员合理分担一定的责任和获得相应的利益。不承担一定责任研学旅行活动就不可能进行有效工作，自然就无法满足单一个体的自身利益。因此，要保障研学旅行活动顺利进行，就必须申明系统内每一个要素成员的责任和义务，同时满足要素成员应得的利益。其中，指导教师有其工作的责任和与之相应的利益，学生也有其参与责任和与之相应的利益，只有当二者各尽其责、各得其利的时候，主客双方才能耦合为一个动态组织系统，研学旅行活动才得以持续有效地进行下去。

但是在研学旅行活动中，利益和责任常常又是不统一的。这是因为，利益作为满足人们需要的表现形式，它具有一种由外到内、由他人到自己的收敛性和排他性。如果缺乏有效的组织约束机制，无论是个人还是组织都会本能地唯利是图。同理，责任意味着向他人和社会作贡献，它具有由内到外、推己及人的社会发散性和自觉性，只有通过有效的组织约束和道德教化，它才能使组织成员树立责任感，对自己的行为负起与之相对应责任。研学旅行活动过程之所以无法避免这一矛盾，就源于此。研学旅行活动之所以必要，也在于通过相关活动可以使两者统一起来，避免学生群体中出现唯利是图和逃避责任的现象。

二、指挥和服从的矛盾运动

"指挥"是一个组织学概念，其意是说指导教师根据学校或者自己所处部门的统一安排指导学生开展学生活动的行为过程。

"服从"则相反，它是指学生接受上级的指令、按照上级的意图而运作的过程。研学旅行活动的基本原则，就是指挥统一、令行禁止。如果放弃指挥或者拒不服从，研学旅行活动就不可能进行。指挥无方或勉强服从，研学旅行活动也难以奏效。

在研学旅行活动实践中，指挥和服从不是自然达到统一的，而是在经常的矛盾运动中求得一致的。之所以会经常出现矛盾，大致有以下一些主要原因。

第一，资源分配不公，学生因感到没有成就感而不愿参与研学旅行活动。在开展研学旅行活动时，如果在资源分配上处理不当，就会导致大多数学生成为看客，不利于活动落到实处。因此，在设计活动时就应努力让更多的学生可以参与其中，这样学生才会有收获。

第二，价值观念不统一，指导教师和学生缺乏一致的价值观念。研学旅行活动不仅是少数指导教师的事，更是组织所有成员共同的事业，它需要大家对组织目标取得共识，上下要有共同的价值观念。但是在实际生活中，人和人的社会地位、主观需要是不完全相同的，基于不同的社会地位和主观需要，各人的价值观念也不可能自然地取得一致。尤其是指导教师和学生，由于他们处在不同的地位，年龄、生活阅历的明显差异必然导致价值观念存在着明显的区别，二者经常发生观念冲突，这就可能导致指导教师发出的指令被学生曲解乃至抵制。

第三，个别指导教师有权无威，滥用职权。研学旅行活动的指挥权虽是必要的，但指挥是否得到相应的服从则取决于掌握权力的指导教师有无威信，指挥是否得当。只有既具有权威、又指挥得当的指导教师，才能不仅从信息上而且从情感理智上沟通学生，从而得到下属的信任、理解和拥戴。而有权无威的指导教师，其指挥要么是强迫命令、滥用职权，要么朝令夕改、意气用事，其结果或者遭到下属的抵制，或者使人们被迫屈从或盲目服从。学生的不配合必然导致指挥的落空；而屈从或盲从只是表面上的服从而非自觉地服从，同样也会使指挥失去真实的对象而成为虚假的指挥。

在研学旅行活动中，要做好相关工作就需要注意如下几点。第一，在开展活动中的指挥不允许采取简单的强制命令，而应伴之以说服、指导和激励，使广大群众心服口服、自觉服从；第二，指挥应以上下共识为基础，服从则以真理为前提。反对不做调查研究的瞎指挥，提倡服从真理、尊重权威；第三，力求指挥的正确和服从正确的指挥，为指导教师和学生的关系造成一种良性循环的格局：指导教师越是充分考虑学生的意志和服务于学生的利益，学生就越会自觉服从其指挥；同时，学生越是服从指导教师的指挥，支持他们的工作，指导教师的指挥就会越有效，积极性越高，越能体现学生的智慧和服务于学生的利益。

三、纪律和自由的矛盾运动

要行使上级对下级的指挥，组织必须制定纪律；而要变盲从屈从为自觉地服从以发挥广大学生的主动创造性，又需要自由。

纪律和自由是研学旅行活动中的又一对矛盾，两者也常常通过指导教师和学生的关系表现出来。所谓纪律，是为实现组织目标保证研学旅行活动有序进行而制定的各种行为规范，它主要是由指导教师来监督执行。自由有多重含义，这里是对组织纪律而言，主要指学生在纪律允许范围内行动的自主性和行为的自觉性和自律性。研学旅行活动之所以能够进行，既要有统一的组织纪律来规范人们的行为，统一大家的行动；又要有一定的自由，以使个人能独立地开展本职工作。没有纪律，就无法约束人们的行为使组织形成合力，自然也就做不好研学旅行活动。没有自由，组织成员的一言一行都得按指导教师的指令行动，学生就会因丧失自主性和自觉性而成没有主见的人，也实现不了培养有理想的青年学生的目标。由此可见，纪律和自由作为矛盾的两个侧面，是相互依存、彼此作用的。研学旅行活动在一定的意义上，就是指导教师代表的组织纪律和学生代表的个人自由这两者之间的对立统一过程。但是，纪律和自由的对立统一运动不是自发完成的，它作为社会规律之一，必须通过人们的正确认识和有效研学旅行活动才能实现。但是，由于认识的偏颇和历史的局限，纪律和自由曾经长期被人们对立起来，在学生管理的历史上曾出现过两种错误的工作模式：一种是只强调纪律而排斥自由的工作模式。这种模式将研学旅行活动片面地理解为对组织成员的纪律约束和行为强制，试图将学生的一切言行都统统简单纳入工作的目标。在这种模式中，纪律就是一切，人们的一言一行无不受到组织的限制和监督。自由在这里没有合法的地位，学生的主动创造性被看作不安本分而受到鄙视甚至遭到惩戒。持这种观点的人无法理解纪律和自由的辩证关系，长此以往，一方面因剥夺学生用正当渠道发表个人想法的机会必然引起他们的对抗或使之逐步失去主见，纪律无法起到真实的效用；另一方面也助长了指导教师的专擅任性，使之我行我素。与只讲纪律不讲自由的工作模式相反的另一种模式，就是只讲自由不讲纪律的自由主义工作模式。自由主义者肯定人的自我力量、尊重人的自由创造、批判专制主义蔑视人的种种观点，无疑具有部分的真理性，但是却忽略了团体章程和纪律约束的必要性和重要性，导致无政府主义倾向。

因此，在研学旅行活动中，指导教师既要警惕无视自由只讲纪律的工作方式，注意尊重学生首创精神，维护学生的自由权利，又要反对破坏纪律的极端自由主义，严格组织纪律，培养遵守纪律的良好习惯。

四、集权和分权的矛盾运动

所谓集权,通常是指把政治权力集中于中央。这是狭义的或政治学的集权。在研学旅行活动中的集权是广义的,它泛指一切研学旅行活动中将权力集中到各级组织进行统一指挥。分权则是它的对立面,意味着下级组织分有上级的一部分权力,各自独立地行使一定的权力。

研学旅行活动之所以可能,首先在于研学旅行活动主体拥有统一指挥的权力,这就需要集权。如果研学旅行活动主体不能集权,"大权旁落",就无法进行统一指挥,组织就分割为一个个互不相属、无所适从的机械部分,主体就会因为失去所控制的客体而不复存在,研学旅行活动目标就难以实现。因此,自从人类有分工有协作以来,集权就有它存在的意义和价值。

但是,研学旅行活动绝不是研学旅行活动主体一方面的活动,而是研学旅行活动主客体双方的活动。一方面,研学旅行活动主体只有集中权力才能对作为客体的学生施加影响,引导他们的行为;另一方面,被支配的客体又有其归他们支配的客体对象,也需有一定的支配权,是另一种对象的主体,因而客体就必须分有一定的权力。

集权和分权作为对立的双方,各有利弊,因此必须互相补充。集权的优点是思想统一、指挥集中,一定的集权还可促进决策的专门化,使某一职能部门能独立开展工作。其缺点是不可能事事都管到,对于研学旅行活动中随时变化的情况及时全面地加以控制。分权的优势恰好是对集权的补充,它可以代替上级进行现场指挥,可以根据变化的情况随时做出应变的现场决策,以发挥职能部门和各级下属组织的自主性和创造性。其缺点是容易形成本位主义,滋生谁也管不了谁的分散主义,因此它又必须由集权加以限制。

在具体的研学旅行活动中,要使集权和分权恰当统一起来绝非易事,从辩证法的角度看,两者的适度平衡常常是通过不平衡来实现的。

要使集权和分权统一起来是一个极为复杂的权力分配问题,值得深入研究。不过,总的原则是"大权独揽,小权分散""宜统则统,宜分则分"。具体来说,第一,决策权一般应该被掌握在核心部门之手,否则工作目标就无法统一,形成分散主义；第二，在开展业务性质和工作程序大致相同的活动时，也宜集权不宜分权；第三，在特殊情况下，为加强某一职能部门的作用或使特定活动专门化，也应使之集权化；第四，上级组织无法决定和无力指挥的事，可以交给下级全权处理；第五，具体事务的执行权，应当适度授予下级事出突然来不及向上级请示的机动权。

要在研学旅行活动中使集权和分权统一起来，除去按照上述原则把握好上下各自的权力限度之外，关键还在指导教师和学生中要树立正确的权力观念，处理好上下级人与人之间的关系。

五、竞争和协调的矛盾运动

所谓竞争，是指系统内成员之间或系统与系统之间为实现自身特定目的而展开的一种排他性活动，它具有扩散性、排他性、无序性和创造性等特征。相对于竞争的协调，则属于系统的组织活动或组织的系统功能活动之一，具有与竞争刚好相反的聚合性、协同性、有序性、保守性等特征。

在生物界和人类社会，竞争和协调作为两种互补的现象，是普遍存在的。在生物界，无论植物或动物为了自身的存在和发展，无时无刻不在争夺最合适的生存环境，彼此之间充满了生存竞争。正是这种竞争推动着物种的进化，显示了大自然的勃勃生机。不过，生物竞争又是弱肉强食，它同时又带来了负面价值，使物种之间和生命个体之间彼此疏远离散，表现出盲目的冲动和破坏着生物群落的有序。因此，竞争就需要协调来进行控制和补充。否则，竞争便无异于自杀。

人类社会是由生物界进化发展而来的，社会生活也一样充满竞争；同生物界一样，社会竞争既有社会进步的动力机制又有其负面价值，同样需要组织协调加以补充控制。如果没有协调，人类社会也会在竞争中走向灭亡。

但是，人类社会毕竟不同于生物，社会领域的竞争协调同生物界的竞争协调相比较，有着本质的区别：首先，生物之间的竞争是由生命的本能冲动或生存需要引起的，它缺乏明确的目的性而显现出纯粹的自发性。社会竞争本质上是社会的，每一竞争的产生有着极为复杂的社会根源，是一种具有自觉意识的社会性活动。其次，生物竞争是以弱肉强食的自然方式进行的，竞争者之间完全是一种你死我活的敌对关系。社会竞争虽然也有类似的关系和行为，但社会中通行的主要方式则不能简单定义为弱肉强食，竞争者之间的相依性是主要的。最后，生物竞争也离不开协调，但这种协调主要不可能来自生物自身或生物群落内部（高级动物群中的动物首领也有控制协调群体内部竞争的某些行为功能），而是来自竞争的外部自然环境。各类植物的共生现象、动物群成员之间的某种组织性，主要是由外部环境造成的。社会则不然，人类社会的每一种竞争都有相应的协调相伴随。而且，这种协调多是自觉的，是由某些人或组织来进行的。正是由于社会能自觉协调社会竞争，人类才不同于生物竞争，社会才有序地组织起来，让学生理解上述问题也是研学旅行活动的重要任务。

可见，社会竞争和社会协调都是社会组织的两种机制。前者是社会组织的动力机制，后者是社会组织的调控机制。在研学旅行活动中前者主要表现为学生之间的关系，后者主要表现为指导教师对学生之间的关系；前者多由学生的活动来进行，后者则属于指导教师的职责。所以，社会竞争和社会协调之间的关系也体现了是研学旅行活动主体和客体的关系。认识两者的矛盾并寻求解决矛盾的途径是研学旅行活动的一项重要内容。

在研学旅行活动中，竞争首先表现为组织内部广大学生之间的同级竞争，主要有争荣誉、争自我表现等。与竞争相反的则是不争、退让，如让利让名，或不争利而争贡献等。无论是争或让，都不能笼统地说谁是谁非、孰好孰坏，而应做具体分析。不过一般来说，竞争才能打破平衡、拉开差距，形成人们行为的压力或动力，免于组织系统处于平衡状态而失去发展的生命活力。相反，以为争是恶而讨厌争，抱着与人无争的消极宗旨一味以退让去求得人际关系的平衡，对人对事不加分析一概反对竞争，这实际上是缺乏竞争与进取意识的处世哲学。当然，竞争既带来了活力，也引起了麻烦，既打破平衡，又可能带来组织内耗和混乱。尤其是竞争中一些极个别的学生个体选择不正当手段（如损人利己、中伤诽谤他人以抬高自己等），必然使人人相互防范而破坏人际的情感沟通和正常关系。这时就需要指导教师进行协调。防止人与人之间出现这种不正当竞争的基本原则不是取消竞争，而是批判不道德的竞争行为，确立公正平等的竞争原则。为此，指导教师既要明察秋毫、辨别好坏，更要敢于坚持公正原则和确立切实可行的平等竞争准则。

　　研学旅行活动中，既要提倡竞争、保护竞争，又要协调好竞争，避免可能引起的组织混乱，对竞争进行控制和引导。如果对竞争协调得当，组织就呈良性的有序循环，研学旅行活动主客体之间也相得益彰。相反，如对竞争不闻不问、放手不管、或对竞争横加限制，其结果不是使工作走向混乱无序，就是使研学旅行活动缺乏创新活力。因此，指导教师需要时刻注意：竞争必须合法合理，不允许采取损人利己的手段来打击别人；竞争在本质上是一种竞赛协作关系，而不是敌对关系。指导教师可以依靠研学旅行活动有效协调竞争，解决集体和学生个人、学生个人和个人之间的利益矛盾，使研学旅行活动主客体关系高度统一起来。

下篇　研学旅行工作思路、能力与环境建设

第三章 研学旅行工作思路、思维与典型方法

从某种意义上讲，思维是一切人类活动的起点。探究研学旅行的工作思路的本质，也要从研究研学旅行活动涉及的思维出发进行分析。在具体的工作中，如何基于系统思维构建研学旅行工作体系、运用适合的逻辑思维与调研方法是研学旅行策划者需要掌握的。

第一节 基于系统思维的研学旅行总体工作思路

对于人类而言，不论是整体还是单一的个体都是一个系统；任何人类活动更无法抛开系统而实现，研究系统与系统观思维是揭示系统理论本质的关键，也是确立研学旅行的工作思路的基础。

系统是由若干可以相互区别（独立）相互联系而又相互作用的元素组成，在一定层次结构中分布，在给定的环境约束下，为达到整体目的而存在的有机集合体。

这个系统本身往往又是它所从属的一个更大系统的组成部分。由于系统概念是逐步形成的，至今对系统的认识也还没有结束，系统的概念还在发展。因此，对系统概念的理解应持发展的观点。对系统概念的理解必须从以下几方面去考虑。

首先，系统必须由两个或两个以上的要素（部分、要素）组成。要素是构成系统最基本单位，因而也是系统存在的基础，系统离开了要素就不成其为系统。构成系统的要素随系统的不同而不同，要素的目的多少是由系统的复杂程序

所决定的。

其次，系统是按一定方式结合的有机整体。系统整体与要素、要素与要素、整体与环境之间，存在着相互作用和相互联系的机制。例如，钟表是由齿轮、发条、指针装配而成的，但随便把一堆齿轮、发条、指针放在一起不能构成钟表，必须按一定的结合关系装配起来才行。

最后，任何系统都有特定的功能，是整体具有且不同于各个组成要素的新功能。这种新功能是系统内部有机联系的要素以及系统以整体方式和系统环境之间相互作用所决定的。我国古代谚语"三个臭皮匠，顶上一个诸葛亮"，说的就是几个普通人组织起来集思广益的集体智慧是惊人的。但还有谚语"一个和尚挑水吃，两个和尚抬水吃，三个和尚没水吃"。一正一反的例子恰恰说明：系统如何来组织以满足特定的系统功能是系统发挥最大作用的关键。

任何事物都是系统和要素的对立统一体，系统与要素的对立统一是客观事物的本质属性和存在方式，它们相互依存、互为条件，在事物的运动和变化中，系统和要素总是相互伴随而产生，相互作用而变化。

基于系统思维确立研学旅行工作思路时，"上下贯通""洋为中用"建立综合系统是两种行之有效的途径。

一、"上下贯通"构建合理的研学旅行体系

（一）以"上下贯通"的理念建设研学旅行体系是典型的社会系统问题

系统是以不同形态存在的，对系统形态的分析能使我们明确各种系统的特点及他们之间的关系。尽管系统形态千差万别，但对人类活动起重要作用并占世界上各种系统中大多数的是受自然环境与社会环境双重制约的实体系统和概念系统相结合的人造复合系统。按照系统的起源，构成要素的属性又可划分为自然系统和人造系统。

自然系统是由自然过程产生的姿态，其组成要素为自然物，自然形成的系统如海洋系统、生态系统等。

人造系统则是人们将有关元素按照其属性和相互关系组合而成的系统，也是

人类社会实践的产物，人造系统分可分为人造自然系统和社会系统。人造自然系统是人类对自然物质加工造出各种人造物组成的系统，如机器、大型工程系统等。社会系统是人类根据社会管理需求所组织而成的系统，多以概念为主要元素组合而成，如行政系统、金融系统、交通管理系统等。这样不同空间的事物便因为人类的设计进入到同一个系统之中。

在现实中，大多数系统是自然系统与人造系统、人造自然系统与社会系统的复合系统。人造系统是技术创造的主要产物，有许多是人们科学力量与理论改造自然系统。随着科学技术的发展，出现了越来越多的人造系统，值得注意的是一些系统的出现虽然有有益的一面，但其结果也产生了负面的功能，破坏了自然生态的平衡，造成了环境污染，破坏了生态系统良性循环或违背社会发展规律，制定不良施政或管理方式，引发恶性竞争，因而更应引起人们的研究与关注。

以"上下贯通"理念建设研学旅行体系实际上是一个典型社会系统问题。把社会系统作为一个问题讨论，是因为人或人群生存在自然与社会两大环境当中，人作为自然系统的重要因素和改造自然的主体参与各项社会活动，而成为社会结构和秩序的重要因素；而且不同类型社会活动也是在组成社会各个元素之间的特定关系中产生的，实践证明这些关系最终是依靠基本的物理相互作用维持，同时也遵从生命现象和心理现象的规律，属于完全客观的自然过程。因此，社会现象、社会结构和秩序也不是偶然的，演变和发展也必须遵从不以任何人的意志为转移的客观规律。我们可以认识到社会构成并非早期社会学者所认为的社会是人或人群构成的集合，而是大自然大系统的延伸，完全符合系统规律的客观的系统，同样，与技术领域密切相关的社会技术系统作为技术系统中的一个子系统研究更有利于社会的发展。

把社会定义为一个系统是完全符合"系统"定义的。因为社会系统是一个非常综合的概念，不仅社会是由很多元素相互联系和作用构成的整体，而且有许多不同的系统都被纳入其中，这些系统又含着各种各样的子系统。按着系统分类原则，系统有物质、运动和思想 3 种类型。就物质而言，人必须符合生物学定义，人不仅是社会构成的重要因素，而且是社会重要的主体。社会构成不能只有人，人作为生物个体是开放系统，需要补充生活资料；为了获得生活资料，必须从事生产活动，生产活动需要生产资料和劳动对象，所有这些资料即为社会的物质财富，也应当包含在社会系统之中。就运动而言，即为人的活动以及由人的活动带动的各种物的运动，包括生产活动、经济活动、消费活动、科学活动、政治活动、军事活动、文化活动……每种活动又可按照社会分工，划分难以计数的专门系统。就思想类型而言，人的生活、生产和其他社会活动，都需要一定的知识和技能，他们也必须作为思想系统包含在社会系统中，并和社会的其他部分存在着互动关系。所以社会作为一个整体是一个非常复杂的、大的系统，也是人类认识到的最复杂的运动形式。在这个系统中，各种元素的物理本性存在着巨大差别，生命的、非生命的、物质的、非物质的、有意识的、无意识的，彼此相关、错综复杂。由于成员"众多"难以计数，因此统计规律性及相关技术在社会生活中起着重要作用。"上下贯通"促进社会进步的过程中，首先，要求处于不同社会阶层的人尊重其他阶层人的智慧、思想和劳动成果，并选择其中有用的思想和实践成果，帮助自己实现实践目标。

社会系统具有综合性质，在具体问题中只能根据实际状况抽出某些侧面，分别建构各种不同类型的子系统，层次结构是社会系统的显著特色。由于社会系统中的子系统不仅有横向的纷然杂陈，如生产的各个部门，而且是有问题的逐渐演进形成特定的层次结构。这种层次结构不仅要遵循层次过渡的普遍规律，同时具有社会运动的特点。

社会系统的各个部分处在不断变化之中，社会系统的各个部分，尤其是人的思想能力结构，绝不是一成不变的，而是处在不断地调整和进化的过程中，因此可以说社会系统增加了一个时间维度，存在时间中的复杂性。

基于上述理念，可以使不同时间乃至时代的优秀理念和资源进入同一系统，为实现系统最优的目标而努力。

一个特定的社会系统在现实条件下，大体上就是一个主权国家。主权国家（含托管地、联邦成员国）并不赋予其通常的内涵，只作为表达社会的界限：人口、土地、资源等。在社会系统中国家只是一个特定的空间范围，以一个自主系统来考察，在一个国家内部有省、部、城市等行政机构。也可以划分为更小的系统或者说低一级子系统来考察，其前提是它们必须有相对独立的意义（如行使管辖权等）。国家与国家的关系及国际关系，则属于社会系统之间的外部关系，与决定社会的结构与秩序（如政治制度、管理体制、经济等）的内部关系有着重要的区别。

而"上下贯通"的社会系统的关键就是调动一个主权国家或者一个低一级子系统中的社会成员一起参与创新。

（二）在"上下贯通"理念指导下开展研学旅行活动

对于一个创新型组织，实现"上下贯通"是创新的基础；具体地说，可以从两个维度的上下贯通实现创新。

第一个维度是空间维度，也就是说一个有创新活动力的组织，要使自己的组织成员不仅了解自己工作岗位的工作内容，还要了解其他岗位的工作内容。在以往的工作中，往往要求上级领导了解下一级或几级工作的内容和特点，而忽视下级了解上级工作特点；只有上下级都对于工作内容有深入的了解，才能够发现系统需要提升的元素，同时，了解工作流程，也可以在上级面对困境时协助上级做出正确的应对。

在川航3U8633航班发生紧急备降事件的整个过程中，除了刘传健机长领导机组成员的共同努力外，各个部门也积极协同配合，当时民航西南空管局在接到机组报告和监测到遇险代码后，迅速启动了应急处置预案，为飞机安全备降做好配合工作。在风挡爆裂、机上通信故障问题连续出现的情况下，民航西南空管局区域管制中心管制人员只能通过自己在雷达上观察到的一些机组操作，去猜测它的意图；为不干扰机组，减轻机组更换频率的操作负担，塔台和终端管制员使用了同一频率，不断盲发着陆条件和许可，确认该机处于正确的着陆航道上。而此时，机场跑道引导车、医疗、消防等救护准备全部到位。这种不同空间的上下贯通，保证了航班成功紧急备降，也是空间维度上下贯通实现创新的典型表现。

第二个维度是时间维度，也就是说要想成为一个有创新活动力的组织，还要借鉴不同时代的优秀思想。海南航空控股股份有限公司在服务质量创新上成绩优秀，而保障优质服务的最重要的一项措施，就是在国学大师南怀瑾先生主持下议定出的"海航同仁共勉十条"，这是全体海航人共同的行为准则，也是吸收中国优秀传统文化在时间上下贯通实现创新的成功案例。

传统的观点认为：人才按其知识和能力结构的类型可以分为学术型（科学型、理论型）、工程型（设计型、规划型、决策型）、技术型（工艺型、执行型、中间型）和技能型（操作型）。工业文明要求大批训练有素的劳动者，这就要求学校按一个统一的模式把成批学生制造成规格化的"标准件"去满足工业文明的需要。

现代社会动对人才需求是全方位的，对人才的素质要求也是全方位的。在扎实的本专业基础理论和专业应用技能之外，人的非专业素质成为衡量人能力的关键。因此，人才需求的类型与传统的类型有着较大的区别，即便是普通劳动者也不是简单操作型人才。

在"上下贯通"理念指导下开展研学旅行活动的过程中，学生可以通过参与研学旅行学习知识、技能以外，还可以理解参与活动各阶层身上所具备的创新精神。由于社会阶层、尤其是知识结构的差异，不同类型的人群有自身独特的精神。在研学旅行活动中可以引导学生理解如下精神。

1. 理解系统决策原则

在技术经济与信息经济时代和市场竞争更加激烈的形势下，创新是国家进步和企业生存发展必不可少的选择，任何决策过程也必须贯彻这一原则。在上下贯通理念指导下促进创新的过程中，创新决策者既包括创新活动组织者，也包括创新活动的管理者以及参与创新活动的科学家和工程师。

在现实社会活动中，仍然有些企业只顾眼前利益、缺乏战略眼光，明知开发可为而不为之，迟早会为此付出代价。因此，研学旅行中体会创新决策者身上的系统决策精神十分必要，具体地说应该体会如下原则。

（1）社会责任原则。尽管产品开发事关企业的生存与发展，但是企业毕竟是社会构成的一个单元，企业如果放弃社会责任，把自身利益作为追求的唯一标准，也就失去了生存空间。例如，一些企业为了追求利益最大化弃社会生产环境于不顾，不仅浪费大量的自然资源，还造成了严重的环境污染，不仅影响国民经济的可持续发展战略，并使社会治污投入资金远大于企业的利润，算总账得不偿失，也严重影响了人类的生活质量。更有甚者，有些企业为了利益最大化"创新开发"出如三聚氰胺奶粉，不惜危害消费者的健康，令人发指也触犯了国家法纪。也有另一种情况，就是利润微薄却至关国家及人民生命、生存、安全的产品，企业也应深明大义做出必要的牺牲。因此，必须以识大局、遵纪守法、担起社会责任作为决策的根本原则。

（2）利益的合理化原则。求利是企业的本性、本能和必要的需求，无可指责，但也要合情合理。选择比较理想的方案和技术是产品有良好性价比的关键。有良好性价比的产品，又是强化竞争优势拓宽市场份额的保证，也可以树立良好品牌形象和企业形象，为企业持续发展奠定基础。如何以利益合理化的原则对产品开发方案进行决策也是考验企业领导者品格、战略思想和雄心壮志的试金石。

（3）持续发展原则。决策是战略思想与具体策略的综合体现，战略决策本质上是一种动态的决策过程，追求的是长期目标。产品开发事关企业生存与发展，但是产品开发过程又是一个持续的、不断完善、发展更新、拓展的过程。对产品开发的决策是战略思想与执行策略的综合体现。战略，本质上是一种动态的决策过程，行动过程是以战略意图为指南，以战略使命为基础，具有行动的长期性、整体性和前瞻性。因此，在方案选择与决策中应择优，同时为动态调整和产品系列开发、换代升级留有余地，在竞争中站稳脚跟，同时积极争取未来，抢占未来创造创新领域与商机的制高点。

（4）客观性原则。再优秀的方案也要通过后续设计与生产来实现。后续开发不仅涉及资金的保证，更有技术人员素质与企业现有技术水平、设备、状况、材料及零部件协调与供应等具体问题。超越企业现有环境条件，不仅会延长开发时间、失去战机，也会因开发投入过大回收期增长而使企业伤了"元气"，因此，决策中一定要认真评估研发条件，量力而行，不可以好大喜功，盲目追求而使开发陷入窘境。

（5）风险可控性原则。创新活动一直是与开发风险并存的。开发超前性越高，技术越先进，风险性也越大。这不仅涉及方案本身的先进性与技术含量，更与关键技术难度密不可分。业内人士对"掌握核心专利实施技术比取得专利核心机密更为重要"已成为共识，可见，创新开发中关键技术的重要作用。风险来自环境、市场、形势的变化、其他不可预见的困难以及决策的失误。风险是客观存在的，既不能因噎废食也不可轻视忽略。因此，决策时必须审慎对待风险分析、预测与评估，将风险压缩到最低限度。

2. 理解工匠精神

在人类实践中，工匠是最关键、最基础的执行者，因此，研究工匠与工匠精神十分必要。而要深入阐述这个问题，就需要首先了解工匠与工匠精神的基本特征。

《辞海》《辞源》中对于"工匠"一词的解释十分相似：手艺工人、从事手艺的人。

在人类起源的初期，为了自身的生存，人类首先需要对生活资料的采集，包括采集野果，捕获森林中的野兽、水中的鱼，然后进一步培植和采集农作物果实。农、林、牧、渔被归之人类生存的基础，在这个基础上才有农产品和林木的加工。

一般来说，在人类农业领域从事工作是需要技能的。但是，往往这种技能不被认为是一种手艺。这一点在中国传统文化中表现得十分明显。因此，在中国的习惯中，工匠参与的活动领域一般情况下是不包括传统的农业生产内容；按照现代产业的分类，工匠参与的活动领域属于第二产业和第三产业。

从哲学角度讲，精神是过去事、物的记录及此记录的重演。首先，精神物是过去事、物在现实物中的记录。其次，精神事是精神物在现实物中的重演。记录：以新叠旧式的暂态变化；重演：以旧启新式的暂态变化。记录和重演都是沿"宇宙之道"定向前行，即都是按"宇宙三律"作"物忆现检，趋同离异"的局部循环，其区别只在于变化前后暂态的不同。就外延方面而言，精神包括所有的精神物件和精神事件。精神物件是占空有界，拥质有限的。精神事件是历时有尽，占空有界，拥质有限的。人类精神是宇宙精神之一种，是记忆于人体中或记录于人造物中的过去事物。

2016年里约奥运中国女排获得冠军，使人们关注一个词：女排精神。中国女排首次获得世界冠军的主力、现在的主教练郎平接受记者采访时说：女排精神是什么？女排精神不是赢得冠军，而是有时候知道不会赢，也竭尽全力。是你一路虽走得摇摇晃晃，但站起来抖抖身上的尘土，依旧眼中坚定。

正如郎平主教练分析的，来里约前的目标是争取奖牌。这其实是对女排实力的客观评价，而从争取前三的实力到获得冠军的结果，就是精神的作用。

工匠精神，是指工匠对自己的产品精雕细琢、精益求精、追求更完美的精神理念。工匠们喜欢不断雕琢自己的产品，不断改善自己的工艺，享受着产品在双手中升华的过程。工匠精神的目标是打造本行业最优质的产品，其他同行无法匹敌的卓越产品。

首先，优秀的工匠们都是注重细节、精益求精。他们对细节有很高要求，追求完美和极致，不惜花费时间精力，孜孜不倦，反复改进产品，对精品有着执着的坚持和追求，把品质从99%提高到99.99%，其利虽微，却长久造福于世。

其次，优秀的工匠们都是严谨细致、一丝不苟。他们在工作中、时不投机取巧，必须确保每个部件的质量，对产品采取严格的检测标准，不达要求绝不轻易交货。

再次，优秀的工匠们都具有耐心、专注、坚持的特质。他们在工作中永远不会停止在专业领域追求进步，无论是使用的材料、设计还是生产流程，都在不断完善，努力实现不断提升产品和服务的目标。

最后，优秀的工匠们都是专业、敬业的。工匠精神的目标是打造本行业最优质的产品，其他同行无法匹敌的卓越产品。

当今社会有些人追求"短、平、快"（投资少、周期短、见效快）带来的即时利益，从而忽略了产品的品质灵魂。因此企业更需要工匠精神，才能在长期的竞争中获得成功。当其他企业热衷于"圈钱、做死某款产品、再出新品、再圈钱"的循环时，坚持工匠精神的企业，依靠信念、信仰，看着产品不断改进、不断完善，最终，通过高标准要求之后，成为众多用户的骄傲，无论成功与否，这个过程，他们的精神是完完全全的享受，是脱俗的，也是正面积极的。

工匠精神出现在政府工作报告中，让人耳目一新，有媒体将其列入"十大新词"予以解读。古语云："玉不琢，不成器。"工匠精神不仅体现了对产品精心打造、精工制作的理念和追求，更是要不断吸收最前沿的技术，创造出新成果。

工匠精神落在个人层面，就是一种认真精神、敬业精神。其核心是：不仅仅把工作当作赚钱养家糊口的工具，而是树立起对职业敬畏、对工作执着、对产品负责的态度，极度注重细节，不断追求完美和极致，给客户无可挑剔的体验。将一丝不苟、精益求精的工匠精神融入每一个环节,做出打动人心的一流产品。与工匠精神相对的,则是"差不多精神"——满足于90%,差不多就行了,而不追求100%。我国制造业存在大而不强、产品档次整体不高、自主创新能力较弱等现象,多少与工匠精神稀缺、"差不多精神"显现有关。

二、"洋为中用"丰富研学旅行体系

1964年,就读于中央音乐学院音乐学系的二年级学生陈莲,关心国家大事,思考一个问题:京剧界出现了前所未有的新气象,走在了文艺革命的前列,音乐界怎么办呢?基于思考陈莲给毛泽东主席写了一封信,反映学院存在的问题和自己的看法。希望音乐教育也要革命化,跟上这热气腾腾的新形势。

陈莲这封信发出后,由中共中央办公厅秘书室将信的内容摘要,刊登在1964年9月16日编印的《群众反映》第79期上,题目是《对中央音乐学院的意见》。毛泽东主席从这期刊物上看到陈莲信的摘要,认为信是写得好的,正符合他当时领导的社会主义教育运动的大方向。9月27日,毛泽东主席决定将这封信反映的问题,批给主管意识形态的陆定一去办理,并在这个刊物的空白处给时任中央书记处书记、中宣部部长陆定一写了下面这段批示文字。

定一同志:

此件请一阅。信是写得好的,问题是应该解决的。但应采取征求群众意见的方法,在教师、学生中先行讨论,收集意见。

古为今用,洋为中用。

毛泽东主席关于陈莲来信摘要的批示是目前从文献资料上可以见到的最早的关于"洋为中用"的表述。这里所谓"洋"一般泛指外国的,外国来的。因此,"洋为中用"意思是指批判地吸收外国文化中一切有益的东西,为我所用。

在面对"洋为中用"的理念的时候,人们往往会首先想到另外一个观点:"中体西用"。"中体西用"是"中学为体,西学为用"一语的缩词,是洋务派思想家与实践者对待中西文化的总原则。甚至有人认为这两种观点有很多相似之处。因为,两者都强调了"中"这个主体的作用,不同在于论述所处的时代和阶级立场不同。

笔者认为，除了时代和阶级立场不同，两者还有一个差异就在于"西"和"洋"的区别，"中体西用"中的"西"指的是所谓"西学"，也就是西方的科学体系；而"洋为中用"的"洋"可以泛指一切外国的、外国来的事物，这里就蕴含着两层含义：第一层含义，这里的"洋"不仅包括科学技术，也包括一切可以为中国发展所用的先进理念、知识、技术、方法；第二层含义，这里的"洋"不仅包括西方国家，也包括一切国家。

不仅如此，"洋为中用"与"中体西用"另一个重大区别，在于两者对于外来事物的接受程度。

"中体西用"坚持"中体"，也就是"中学为体"。这里的"中学"指以三纲八目，即明明德、亲民、止于至善，格物、致知、诚意、正心、修身、齐家、治国、平天下为核心的儒家学说。相对应，"西学"指近代传入中国的自然科学和商务、教育、外贸、万国公法等社会科学。它主张在维护清王朝封建统治的基础上，采用西方造船炮、修铁路、开矿山、架电线等自然科学技术以及文化教育方面的具体办法来挽救统治危机。

"洋为中用"则是在不放弃中国传统优秀文化的同时，吸收一切国家的所有优秀可用的事物，而不是在思想领域抱着中国传统，一点也不借鉴和引进外来优秀事物。

中国选择了马克思主义思想，并把马克思主义思想与中国具体实践相结合实现的历史性飞跃，本身就是意义重大的创新。

1992年年初，邓小平视察南方，在发表南方谈话时提出："要害是姓'资'还是姓'社'的问题。判断的标准，应该主要看是否有利于发展社会主义社会的生产力，是否有利于增强社会主义国家综合国力，是否有利于提高人民的生活水平。"这3条标准成为后来衡量一切工作是非得失的判断标准。

"洋为中用"理念中的"洋"恰恰体现出系统的综合性，"洋为中用"思想时刻提醒着开拓新领域的实践者，只要是好的、正确的都是可以引进的。中国把马克思主义思想确立为指导思想，就是因为马克思主义思想符合中国国情、符合"三个有利于"。而实现马克思主义中国化，恰恰是"洋为中用"不断创新的表现。

从根本上说人类社会是从自然界发展起来，属于自然界的一部分。但从另一个角度，在社会的生产活动中，自然界又是人类开发的对象，它又"隶属"于人类社会。表面看来自然界与人类社会是你中有我、我中有你的镶嵌关系，而实质上是表明应当区分的两种"自然界"的概念。包括人类社会和人类自身的自然界，可称为"广义的自然界"；而作为人类开发对象的自然界范围较为狭隘，称为"狭义的自然界"。逻辑上狭义的自然界不应包括人类自身，而是人类的生存环境。虽然有时也说人类的自我开发，如智力、能力、体力等，尤其是智力开发，本质上是发展，与向自然界索取性开发，如开采等，意义是不同的。狭义的自然界，不等于已开发的自然界，而是要开发的自然界，如海洋、宇宙空间等。

因此，"洋为中用"也就必然与上述内容的全部范畴密切相关。在确立正确的指导思想不动摇的前提下，"洋为中用"理念就可以为促进社会进步、推动国家各项事业发展做出贡献。

一个国家和民族的发展必然是兼容并包的。中国历史上很多创新和社会发展与进步都是在吸收外来优秀文化实现的。

赵武灵王即位的时候，赵国正处在国势衰落时期，为了摆脱不利的局面，使国家的强大，推行胡服、教练骑射，史称胡服骑射。因此，胡服骑射是符合博采众长理念的典型案例。

赵武灵王所推行的胡服骑射是一个有机的整体。胡服除了有利于骑兵作战需要，在农业生产和生活中，比当时中原的服装也有着突出的优越性，使人们的生产劳动和其他社会活动更加便利，逐步成为中原地区的大众服饰。春秋以前，中原地区的战争与交通基本上是用马车，马匹只是用来驾车的，不作为骑乘。赵武灵王搞胡服骑射，变革了中原的作战方式，使我国由车战时代进入了骑战时代。这在中国历史上有着划时代的意义，一支更灵活、更有生气的兵种开始占据了重要的地位，一种更具威力的作战方式被广泛应用。随着骑射的发展，马便逐渐用于骑乘，在当时道路并不发达的情况下，大大方便了各地的交往与联系，促进了各地尤其是中原汉族与边地各少数民族之间的经济、文化交流。

赵武灵王在大力推行胡服骑射的同时，辅之以开明的民族政策，推进了农业文化与游牧文化的交融，也加速了这些地区的封建化进程；客观上促进了中原汉族与周边少数民族的融合，促进了农业文化与游牧文化的融合。同时，保护了边地人民正常的农牧业生产和生活，加强了北方局部地区的统一，为后来秦汉统一北方奠定了基础。

赵武灵王认为传统的东西本身就是在长期社会发展中逐步形成和完善的，各个时代都会淘汰一些不合时宜的成分，因时制宜地产生一些新的思想和制度，这是中国古代朴素的辩证法思想。推行胡服骑射，大胆学习敌人的长处，发展壮大自己，继而有效地打击敌人，夺取最后胜利的战略思想，比近代思想家魏源提出的"师夷长技以制夷"理念早了2100多年，对当时的哲学思想和军事思想产生了强烈的冲击。

古代中国不仅在制度上曾经引用外来先进经验，而且还大胆使用外来人才。唐朝的文化教育发达，长安既是全国的政治经济中心，也是亚洲各国的文化教育交流中心。日本、新罗、高丽、百济，以及今天的尼泊尔、印度、越南、柬埔寨、印度尼西亚、爪哇、缅甸和斯里兰卡，都有大批的留学生在长安留学。这些人中有很多在中国做官，唐朝时在中国做官的外国人多达3000人左右，这就是在人才使用方面典型的博采众长。

艺术领域的博采众长则会使中华艺术体系更加丰富。

敦煌莫高窟是集建筑、雕塑、绘画于一体的立体艺术博物馆，古代艺术家在继承中原汉民族和西域兄弟民族艺术优良传统的基础上，吸收、融化了外来的表现手法，发展成为具有敦煌地方特色的中国民族风俗的佛教艺术品，为研究中国古代政治、经济、文化、宗教、民族关系、中外友好往来等提供珍贵资料。

敦煌莫高窟艺术品中就有很多博采众长的例子：敦煌最早的禅窟，全模仿了库车苏巴什的禅窟形制。北魏的中心柱窟与廊柱佛塔式大厅则是阿富汗巴米扬大佛隧道窟在西域克孜尔逐渐演化而成的。不仅如此，外来艺术也为敦煌艺术提供了素材，例如，张议潮出行图中就有天竺乐及中亚波斯等国的舞乐的内容。

在中国艺术领域中博采众长也有很多现代的例子：中国现代的歌剧《白毛女》、芭蕾舞剧《红色娘子军》都是典型案例，不仅如此，西方油画艺术与中国文化结合，也创作出很多优秀作品。

在新的历史时期，习近平总书记分别提出建设"新丝绸之路经济带"和"21世纪海上丝绸之路"的合作倡议。依靠中国与有关国家既有的双多边机制，借助既有的、行之有效的区域合作平台，"一带一路"通过借用古代文化中"丝绸之路"的概念，高举和平发展的旗帜，积极发展与沿线国家的经济合作伙伴关系，共同打造政治互信、经济融合、文化包容的利益共同体、命运共同体和责任共同体。习近平总书记提出建设"一带一路"、构建人类命运共同体，正是新时期中华文化自信的重要表现。

关于中国"中国近代科学为什么落后"的争论，往往归于中国的封建管理体制对于人才创造创新能力的扼杀。然而，一个需要引起高度重视的问题就是在古代中国人不习惯用数字进行管理，而这直接导致了抽象的符号不能运用到科学研究之中。这种情况在研究体量不够复杂的情况下，并不会十分影响研究的效果。

在人类面对信息量不大，用文字和符号表示的科学成果看起来差异不大；而研究一旦复杂化、立体化、系统化，必然要求研究参数更加全面、多样、立体，这样就需要基于符号的系统来描述科学研究的结论。因此，现代中国人在科学技术教育领域引入西方的公式化、定理化、符号化的范式，"洋为中用"实现了科学领域研究和教育的进步；不仅如此，这次"洋为中用"也为中国与其他国家在科学领域的交流找到统一的工具。

一个国家的发展需要技术，不断引进新技术并在此基础上进行创新实现技术进步是一个在技术上落后的国家崛起的必由之路。

对于一个国家而言，实现模仿创新有很多种路径可以选择。但是，在一个科学、技术、经济、生产都相对落后的国家，在开始发展自身经济时，以"洋为中用"为指导采取引进购买型模仿创新是最能迅速取得效果的。对这个问题施培公先生这样论述："我国建国以来的发展历史已证明了这一点。早在'一五'期间，我国对苏联技术和设备进行了大规模的引进。在苏联专家的帮助下，我国工程技术人员对苏联技术进行了积极的消化吸收，对苏联的产品和设备进行了大规模的仿制和部分改进。这样的仿制对全面发展我国的工业技术体系，使我国的工业技术在短期内从一穷二白走向基本自立起到了十分重要的作用。改革开放以来，我国更是开展了大规模的技术引进，与此同时，引进基础上的模仿创新也在大量涌现。引进购买型模仿创新对我国若干支柱工业的发展和新兴产业的发展也起到了重要的作用。我国家电行业近年来的迅速崛起正是引进基础之上大力推进模仿创新的结果。轿车工业也是如此，从20世纪90年代初开始，我国轿车生产厂家在吸收消化国外先进技术的基础上，尝试进行模仿创新，取得了一系列的成果，极大地促进了我国汽车工业的发展。如一汽在消化吸收美国、德国先进技术的基础上，推出了'小红旗'轿车，形成了自己的特色，其整车性能与'奥迪'相比并不逊色，而价格仅为奥迪100C3GP型车的3/4。该车一投放市场就供不应求，受到了市场极大的欢迎与关注。再如上海大众汽车公司在引进消化德国大众汽车公司轿车生产设计技术基础上，经多年国产化的努力积累了丰富的经验，掌握了轿车生产中的关键技术。从1992年开始，上海大众便在德国大众车的基础上联合巴西大众的设计力量，进行模仿创新，于1994年成功地推出了桑塔纳2000轿车。该车推向市场后，以其优良的品质、先进的功能设计而深受广大消费者欢迎，使我国轿车工业的发展上了一个新的台阶。"

做好研学旅行就需要与最先进的科学技术紧密接触，树立"洋为中用"思想，才能实现博采众长，培养出热爱科学、具有科学精神的学生。

第二节　研学旅行中的逻辑思维方法

思维是创新的基础，要开展研学旅行活动，掌握必要的逻辑思维方法很重要。在研学旅行活动中，保证思维逻辑的严谨十分关键，下面就分析逻辑思维及其在研学旅行活动中的表现。

世界上任何事物都有其内容和形式，内容是构成事物的一切内在要素的总和，形式是把内容诸多要素联系起来的结构和表现内容的形式。思维也是这样，既有内容也有形式。思维内容就是思维所反映的特定对象及其属性，思维形式就是指思维对特定对象及其属性的反映方式，如概念、命题、推理等，这些思维形式又具有一般的形式结构，我们称其为思维的逻辑形式。

一、逻辑思维的概念

（一）逻辑思维的含义

"逻辑"一词是由希腊文音译过来的。其原意是指思想、言辞、理性规律性。"逻辑"是一个充满歧义的词，几乎每一个逻辑学家、哲学家以及自然科学家都有他们各自所理解的"逻辑"，对逻辑的定义众说纷纭，没有共识的。总体上看，逻辑研究的是理性思维，即是人们通过大脑的抽象作用对客观内在规定性的认识，是认识的发展的高级阶段。对逻辑有广义和狭义上的不同理解。

广义的逻辑泛指与人的思维和论辩有关的形式规律和方法。逻辑思维与形象思维相对，通常是指人们思考问题时，从某些已知条件出发，借助概念、判断、推理这些思维形式，推出合理的结论的规律。广义上的逻辑可包括以下几个层次。

第一层次，指客观事物发展的规律性。

第二层次，指思维的规律性。

第三层次，指某种理论、观点或说法。

第四层次，逻辑就是方法论，就是处理人生中许多事情的方法，就是基于已知的事实或条件运用科学的思维过程，利用最合理的技巧，做出最接近于真实的判断方法。

第五层次，逻辑学是研究思维及其规律的科学。

狭义的逻辑主要研究推理，是关于推理有效性的科学，形式上表现为用特制的人工符号语言和公理化方法构造的形式系统。逻辑思维也叫抽象思维。所谓抽象就是在思维过程中撇开事物的具体形象而取其本质，逻辑思维的抽象特征与形象思维整体性特征正好相对。因此可以说，逻辑思维是一种比较简单的直逼事物本质的"线型性"思维。逻辑思维通常分为形式逻辑思维和辩证逻辑思维。形式逻辑思维又分为归纳思维和演绎思维。

（二）逻辑思维的基本形式

逻辑思维的基本形式是概念、判断和推理。概念、判断和推理这几个思维形式是互相联系的。概念的形成往往要通过一定的判断和推理过程，判断是肯定或否定概念之间的联系关系，而判断的结论是通过推理获得的。

（1）概念。概念是人脑对事物的一般特征和本质属性的反映，是在抽象概括的基础上形成的。概念不反映事物的非本质属性，例如，"人"这一概念只反映人是有思维能力的高等动物，有五官、四肢、直立行走等本质属性，而不反映是黑人还是白人，是男人还是女人等非本质属性。概念和词有不可分割的联系。每一个概念都是由于词的抽象性和概括性的刺激作用而在人脑中产生和存在着，并以词的意义或含义的形态在人脑中形成表象和巩固（记忆）下来，也就是说概括是用词来标志的，每一个词都代表着一个概念。

（2）判断。判断是指人脑凭借语言的作用，反映事物的情况或事物之间的关系，并通过判断的过程达到某种结果（或结论）。可见判断一词具有两种含义，一种是指人脑产生判断的思维过程，另一种是人脑经过判断过程产生的思想形式。判断是通过肯定或否定来断定事物的。肯定或否定是判断的特殊本质。事物的存在、价值或事物之间的关系，都是通过肯定或否定做出判断的。人在判断的独立性和机敏性方面会表现出很大的个体差异，差异性取决于判断主体的性格、相关知识和经验等。判断可以分为简单判断和复合判断。

（3）推理。推理就是人脑凭借语言的作用，通过某些判断的分析和综合，以引出新的判断的过程。所引出的新的判断叫作结论。在推理过程中所依据的已有判断称为"前提"，也就是说已有的概括性认识和有关材料或事实是人在头脑中进行推理时所必须依据的前提，对过去的推断或对未来的预测是人在头脑中经过推理所得到的结论。很多判断都是推理的结果，所以推理是思维最基本的形式之一。推理可以分为归纳推理和演绎推理。归纳推理是从特殊事例到一般原理，演绎性推理是从一般原理到特殊事例。

（三）逻辑思维在创新活动中的作用

逻辑思维是人类揭示客观世界的本质和规律的极其重要的思维活动形式。逻辑思维包括形式逻辑思维和辩证逻辑思维。随着科学技术的发展，机械论自然观已为辩证论自然观所取代，辩证逻辑思维，使人们对自然界有了更为深刻的了解。创造、创新活动中，紧张—松弛—紧张的循环，也标示了灵感—顿悟的心理机制。顿悟是紧张思索，"能量"积蓄在松弛期间，潜意识活动中的突发。因此，其简单的模式可以归结为积累—突发。积累的过程，正是人们面对问题用已有知识和经验冥思苦想的过程。这一过程不仅有过去的记忆，也有大量针对问题和占有资料的分析、运演、判断、归纳，形成新形象的过程，因此我们断言在创造、创新过程中的中间阶段，同样有逻辑思维不可取代的作用。联系逻辑思维在创造、创新过程中，前期和后期的作用使我们可以清楚地认识到，逻辑思维几乎渗透人类获取所有新理论和新知识的每一个过程。具体说来逻辑思维在创新活动中的作用有以下几点。

（1）发现问题。发现问题是创新过程的起点，发现问题的方法很多，通过逻辑思维来发现问题是一条重要途径。在现实生活和社会科学领域中，矛盾就是问题，问题本身也蕴涵着矛盾，在某种意义上讲，矛盾与问题是同一的。矛盾在现实中是无处不在无时不有的，如理论与理论的矛盾，理论与检验的矛盾，理论与实践的矛盾，需求与现实的矛盾等。要发现矛盾就要对现实进行考察，考察中又会发现新的矛盾。

（2）直接实现创造创新。并非逻辑思维根本就不能创新，有些问题的创造性解决就是直接用逻辑思维的结果。如毛泽东的《论持久战》，就是通过严密的逻辑思维分析抗日战争发展的基本规律提出要经过3个阶段才能取得最后的胜利，成为抗日战争的指导思想。

（3）筛选设想。不管采用哪些新思维的方法，都可能提出两种以上的新设想或创新途径，这就需要根据可行性、价值和社会效益等进行筛选。筛选的过程，主要用的就是逻辑思维。对每种设想进行分析、比较，做出判断、决定取舍，这都是逻辑思维的任务。

（4）评价成果或验证结论。创新成果完成之后要进行鉴定或验证，给出正确的评价，评价过程一般要进行逻辑比较，判断其水平；验证也要符合逻辑常规的程序。

二、归纳思维

（一）归纳思维

人们对客观事物的认识，一般多是从认识个别事物开始的，即先认识一个个单独的对象,然后才能进一步把握其一般规律。归纳思维是一种从若干个同类个别事物或经验知识,概括出一般性认识或结论的思维方法。这种概括常常由部分推论到全体,它能够扩大人们的认识范围,并对已有理论提供一定程度的支持。

归纳思维是根据个别知识概括出一般性知识的思维。这种思维的方法称之为归纳法,这种思维的形式称之为归纳推理。其主要特点如下。

1. 从个别到一般

从个别到一般就是人类由事物的个别知识概括出一般认识的过程。归纳思维所依据的个别性知识的可分为两种类型。一类是人们通过观察或实验所获得的关于思维对象自身属性的经验知识;另一类是人们在思维过程中积累起来的关于方法若干次使用情况的经验认识。

归纳思维之所以能被人们大量运用,是因为人们的认识总是离不开从若干分散的实际情形到一般性概括的过程。而这种从个别到一般的概括遵循了以下原则:如果大量的情况 A(A_1,A_2,…,A_n)在各种情况下被观察到,而且如果所有这些被观察到的 A 都毫无例外地具有性质 B,所以,所有 A 都有性质 B。这一原则在逻辑学上称为"归纳法原则",它是人们进行归纳思维所依据的原理。

2. 从部分到整体

在归纳思维中,从个别性知识得出一般性结论,除了极为有限的完全归纳概括外,一般的归纳思维过程都拓展了认识范围,也就是说结论所断定范围超出了前提所涉及的范围,即由部分扩展到了全体。正是由于归纳思维突破了前提所断定的范围,人们的思维才能够突破当前情境的局限而扩大了认识领域,并获得新的知识。需要指出的是归纳思维从部分推论至全体,虽然扩大了认识范围,但其结论不具有必然性。

从上述分析中可以看出归纳思维是容易发生以偏概全的错误的,也就是说把部分对象所特有的属性,推广到其他对象上,而其他对象又不具有这种属性。因此,在归纳思维中应尽量扩大考察的对象数量及考察范围,注意分析被考察的属性是否为部分对象所特有,以提高概括的结论的可靠性。

3. 扩展认识范围

归纳思维根据对部分对象的认识推论到该类事物的全体对象,所得出的结论不具有逻辑必然性；但它能弥补人认识能力的有限性，扩大人的认识范围，拓展知识。应用归纳思维来扩大认识范围、升华知识层次，不仅有其必要性、也有其客观可能性。归纳思维是以同类事物为基础的，是在同类事物范围内的扩大。客观世界中，同类的若干事物，尽管有其特殊性和差异性，但都存在着共性和普遍性，而且共性中还包含有本质属性。如果我们在经验中反映出该类事物的共性，那么所做的推广就有了可靠的基础；如果已知的关于部分对象的经验认识中反映了该类事物的本质属性，那么所做的推广就更可靠。

4. 支持理论原理

理论正确与否是要靠实践活动来检验的。一个理论是怎样得到支持的呢？一般来说，当一个理论（或观点）提出来以后，首先要以该理论为出发点推导出大量可以进行实践检验的事实，这些事实包括该理论所能解释的已知事实以及所能预测的未知事实，然后根据这些事实来支持该理论，说明该理论成立。

归纳思维因其注重个别性事实，它能够利用事实给理论提出支持；同时，因其结论不具有必然性，因而给理论的支持不是充分的，只能是一定程度的支持，即不足以完全证明一个理论。

（二）演绎思维

演绎思维是一种从一般性知识推演到个别性知识，得出新结论的思维方法。在演绎思维中一般性知识（如理论性知识、规律性知识等）起着重要作用，它既为人们的思维推演提供依据，也为人们的行为提供规范。思维推演活动既不同于归纳概括，也不同于横向类推，它借助于一般性的理论知识，来推论某类个别性事物所具有的属性。

思维推演中所依据的理论知识，是相对于经验而言的，它是以全称命题形式表述的关于概括经验事实共性的经验定律和反映事物间普遍性的理论原理。理论性知识都概括了一类事物的普遍性特征或普遍性规律，它涵盖了该类所有个体的共同性，因而适用所有个体事物。理论性知识为人们推断它所涉及的具体经验事实提供了依据。

理论性知识具有普遍性特征，因而具有规范和指导作用。在一切政治、经济活动中，政策法则为人们提供了规范和指导性政策，是创新活动中必须遵守的原则。

1. 演绎思维的特点

（1）从普遍性到特殊性。演绎一词来自拉丁文 Deductio（引申），后来它泛指从一般到个别的指论，即以某些一般性（普遍性）的知识为前提，推出个别性（特殊性）知识的结论。

（2）结论受到前提的严格限制。所谓结论受到前提的严格限制，就是演绎思维从一类事物理论到该类的部分对象，结论所断定的范围决不会超出前提所断定的范围。

（3）推断的必然性。演绎思维从一般到特殊，结论所断定的范围不超出前提所断定的范围，结论也就被前提所蕴含，即前提与结论有必然性联系。真前提必然能推出真结论。前提与结论这种必然联系或称作结论的必然性是就其逻辑形式而言的，而不是指结论的真实性。结论真实性，既依赖逻辑形式的正确又依靠于前提的真实。

（4）深化认知领域。演绎思维因从一般到特殊，可以依据客观事物联系的普遍性和层次性，做出层层递进的连锁推导，从而不断深化认知领域，也为创造扩展了途径。

2. 演绎思维的方法

从一般推导特殊的演绎思维，有多种具体方法和形式，大致可分为直接推理、三段论法、选言推理、假言推理等。演绎思维结合科学探索活动的思维实际，还有演绎解释法、演绎预测法、演绎论证法和公理证明法。下面仅就几种常用的基本方法介绍如下。

（1）三段论法。三段论法是指从两个含有一个共同性质（概念）的判断推出一个新的性质（结论）判断的演绎推理方法，例如：

所有抗日英雄都是参加过抗日战争的。

马本斋是抗日英雄。

————————

所以，马本斋是参加过抗日战争的。

在这里，前两个都是性质判断（断定事物具有某种性质），其中都包含着一个共同项（天体）通过两个共同项的判断，推出一个新的性质判断。三段论可用以下形式表示：

所有 M 是 P

S 是 M

―――――――

所以，S 是 P

应用三段论方法时应遵守以下几项原则：首先，两项前提中的共同项应是同一个概念，防止同一词语不是表达同一概念，而引起判断模糊或错误。例如，群众是真正的英雄，某人是群众，某人是真正的英雄。这里的两个群众就不是同一概念，因而也就不能判断某人一定是真正的英雄。其次，两前提中的共同项（中项）至少周延一次。再次，前提中尚未断定一类事物全部对象的项，在结论中不得扩大。最后，结论否定，当且仅当两前提有一否定。

（2）假言推理。假言推理是根据假言判断所断定的前后条件的逻辑关系而进行的推理。这里的假言判断是断定一事物情况（称为前件或大前提）是另一事物情况（称为后件或小前提）的条件的判断。而前件与后件的条件关系，有充分条件、必要条件和充分必要条件 3 种。假言推理就是根据不同前后件的逻辑关系（条件关系）来进行的。假言推理也是确实可靠的推理。

（3）选言推理。选言推理是以断定若干个可能情况的选言判断作为前提，并依据选言判断的逻辑特征来进行的推理。常见的选言推理是前提中断定了若干事物可能情况并且排除了其中部分情况，结论中断定未被排除的其他情况的存在。在实际运用中假言推理与选言推理也常常结合在一起使用。

选言推理，可用以下公式表示：

或者 A，或者 B，或者 C

非 C

―――――――

所以，A 或 B

运用选言推理应注意以下问题：第一，前提应穷尽有关事物的所有可能情况，以确保至少有一种情况存在。否则推出的结论不一定是存在的。如"二人对弈，甲未赢"，就不能推出甲输了的结论。因为可能弈成平局。第二，运用选言推理，还要注意前提中选言判断所反映的若干可能是否可兼容。如果它们是可兼容的，那么不能肯定一部分而否定另一部分。例如，某案件有两个嫌疑人甲与乙，现已查明甲作了案，但不能必然推出乙一定没作案。

三、分析与综合思维方法

分析思维与综合思维是形式逻辑和辩证逻辑思维共同研究的方法。在形式逻辑思维中只是作为处理一般经验材料的方法进行探讨的，矛盾分析思维法则是辩证逻辑思维中研究的重要问题。

（一）分析思维

分析就是人们在思维活动中，把研究对象由统一整体分解为各个组成部分、各个方面或独立特征的要素，并对它的各个组成部分或各种要素分别进行研究，揭示出它们的属性和本质，也即从未知追溯至已知的思维方法和研究方法，简称分析，也称分析思维或分析方法。

任何一个客观事物都是由各个部分或各种要素组成的复杂的有机整体，同时任何事物都构成一个独立系统，它们通过自身的运动、变化和发展过程中所表现出来的各种各样的现象表现出来。同时，任何一个客观事物或现象又与其他事物或现象处于相互联系之中。对于呈现在人们面前的复杂的、有机整体的自然事物或现象，仅凭直观是无法认识它们的各种特殊的属性和本质的，也更无法认识它们的根本属性和规律。因此，为了从总体上揭示和把握研究对象的性质及其规律性，首先必须了解复杂事物的各个部分或各种要素的性质和特点，也就是分析各种矛盾及矛盾的各个方面的特殊性。

运用分析的思维方法研究事物，必须把被考察的事物的各个组成部分或组成要素在思维过程中暂时地从总体中抽取出来，抛开无关紧要的因素和相关影响，以对各部分或要素的单独作用进行深入的研究。

分析的任务就是对事物的各个部分或要素进行研究，了解研究对象的属性和本质、并使人们对事物有比较清晰的认识，为进一步把握揭示事物总体的性质与规律奠定基础。分析的初期目标是要考察研究对象的各组成部分或要素，在运动变化中的各自的地位，所起的作用以及它们之间的相关联系与制约关系，为进一步寻求判断事物的各种属性的基础"情报资源"提供前提条件。

分析方法的基本特点有以下两点：第一，暂时的分割，孤立地进行研究，变整体为部分、变复杂为简单、化难为易，加深对事物的理解和掌握。第二，深入事物或现象的内部了解和掌握各个细节，揭示内部的各个方面，各个因素的本质。

从不同的角度看分析的种类，有多种形式，其侧重点也各不相同，具体说来有以下几种分类方法。

第一种，从分析要达到目的来看，可分为定性分析与定量分析。定性分析是择取对象的某种特定性质，确定对象的某种特征，使之与其他事物区别开来，也可以说定性分析主要解决有没有的问题。定量分析则是为了确定对象各种要素，成分的数量、规模、大小、速度等。也就是说定量分析要解决的是有多少的问题。

第二种，从分析方向来看，可分为单向分析、双向分析及矛盾分析。单向分析，即分析一事物的影响和作用，研究单向因果联系。双向分析，即不仅分析单向因果联系，而且分析作为结果的现象是否反过来对于原因产生作用，是研究双向因果联系。矛盾分析，则是专门研究具有对立统一关系的事物，对其矛盾着的各个方面加以对比，以便把握对立双方的性质，数量和相互关系。

第三种，从分析的客观对象来看，可分为要素分析和结构分析。要素分析即分析构成对象整体的各个要素成分或方面。结构分析主要是分析各要素间的关系，如因果关系、互动关系、反馈关系等，是把握构成对象的基本手段。

分析方法着眼于研究对象内部的各个细节，因此有助于分辨真相和假象，以及哪些是无关的因素，从而可以摆脱假象和无关因素的影响。使用分析方法可以透过事物的现象去研究其组成部分的结构、特点和属性，掌握它们的相互关系及作用方式，进一步认识研究对象的性质与规律。

应当指出，分析方法主要着眼于局部的研究和分割孤立的考察，容易忽视事物间的有机联系，因此，在工作中必须对此问题予以充分注意。

（二）综合方法

1. 概　述

综合一词有多种解释。从创造性思维角度出发，综合可以被理解为是一种以问题为中心的按一定的规律和模式有序地组织材料和整合材料的思维方法。

综合方法就是在分析的基础上，通过科学的概括或总结，在思维中把研究对象的各个组成部分或各种要素，再组合成有机整体。它是从整体上揭示和把握事物性质和根本规律的科学思维方法和研究方法，从已知引导到未知、从局部引导到全局。

综合思维是通过对所得到的与某个问题、任务、计划相关的全部认识加以比较、分析、组合、归纳、类比，从总体上、宏观上透视找出各要素、各部分、各层次之间的内在联系，按一定的方式和要求予以整合，使之形成整体性、系统性的认识。

综合的任务和目的在于它不是局部创新的叠加，而是对局部创新的扬弃，是从有机整体上揭示和把握研究对象的根本性质和根本规律，变局部的合理性为总体或全局的合理性，以解决生产实践、科学实验或人们日常生活中所提出的急需解决的问题。

对于复杂的事物对象，综合思维还必须注意到综合的多元性、层次性和复杂性、综合是一个复杂的历史过程，也是一个不断更新的过程。

2. 综合的作用

（1）综合是研究领域贯穿始终的基本思维方式或方法。随着研究工作的发展，每个学科领域都形成自身完备的系统，系统内部的各个组成部分（分支）是彼此联系、相互制约的，具有历史性、现实性和未来发展的内在联系。随着横断科学的发展，一个学科领域或一个学科又与多个学科领域产生更为广泛的联系，而构成更大的系统。因此，对这些学科的研究必须具有系统综合的观点为指导，用综合的方法解决问题。

（2）综合是对多种思维结果的扬弃。在创新活动中，广泛运用发散思维、类比思维、直觉，想象等思维形式和方法进行思考，思考过程多半是以具体问题为诱导，所产生的思想观念往往是局部的、分立的、"就事论事"的，由于缺少系统的全局的指导，因而可能是不完全的、不精确的，是针对特殊矛盾而产生的，有时彼此是相互对立的，这一切都必须以整体观念用综合方法去粗取精、去伪存真进行合理的有机合成。

（3）运用综合方法有助于克服分析方法的局限性。分析方法是对局部认识，而非最终的目的，它是探索自然奥秘过程中所采取的一种手段和环节，是为综合做准备的；综合则是对分析结果进一步的理性认识，是在分析基础上的科学组合和扬弃。

（4）运用综合方法弥补演绎法的不足。演绎法在从一般推理导出个别事物的属性时，无法反映具体事物属性的多样性。综合是在分析研究具体实践而积累起来丰富而真实经验材料的基础上进行的，它得出的一般性结论能够反映出研究对象的多样性本质，因而，所得出的一般性结论比较全面，也更可靠，从而弥补了演绎法的不足之处。

3. 分析与综合的辩证关系

分析综合就是对立统一，既区别又相联系不可分割。

分析与综合的区别是：分析是理论思维把研究对象分解为各个部分并加以研究的方法，它是化整体为部分，化整体为单元，由未知追溯到已知；而综合则是理论思维变部分为有机联系的统一整体，化单元为整体，由已知引导到未知。分析与综合又是统一的，相互联系、相互依存的，两者有着不可分割的切实联系，主要表现在以下几个方面。

首先，分析是综合的基础。要使研究的结果能够正确地反映事物多样性的统一，就必须以客观事物多样性的统一为基础。人们研究事物，一般是先分析、后综合，这就是说正确的综合必须是先分析研究对象多样性同内部各个方面的本质及各种因素的特点，而后进行综合。问题是一种表象，而问题的实质是事物内部的矛盾；解决矛盾才是解决问题的根本。矛盾是由事物内部各个方面本质和特点在事物内部各个部分相互联系与作用的内因，因而只有了解事物内部的联系进行周密的分析，才能使问题的"面貌"明晰地呈现出来，才能做综合工作。全面的了解整体的特性与规律，从而达到解决问题的目的。从以上分析可看出分析是综合的基础，没有分析也就没有综合的前提。恩格斯精辟地指出："思维既把相互联系的要素联合为一个统一体，同样也把意识的对象分解为它们的要素。没有分析就没有综合。"上述论断也反映了分析是综合的基础这一辩证关系。

其次，综合是分析的完善和发展。分析本身不是科学研究的最终目的，而只是认识事物的一种手段，分析本身也有一定的局限性。因此，对事物或现象的研究和认识，还必须进一步深入，通过综合，以便揭示出研究对象最根本的性质和规律。

最后，分析与综合矛盾双方在一定条件下可以相互转化。分析与综合在统一认识过程中，各自行使与这一总的认识过程一定阶段相适应的职能。在认识过程前期，分析是矛盾的主要方面；在认识过程的后期，当对研究对象的分析已达到一定程度，对研究各个方面的本质有了充分的认识，积累了一定的经验和科学事实之后，分析便转化为综合而成为主要矛盾。当综合得到一般原理、结论，并以此去分析未知的客观事物或现象则分析又转化为主要矛盾方面，而综合又降为次要矛盾。这种螺旋式的循环往复，使人们对客观事物的认识不断地扩大和加深。

在自然科学中，人们对客观事物的认识，就是一个不断分析和不断综合的辩证发展过程，可以概括为：分析——综合——再分析——再综合……的不断深化的发展程式。

综上所述，分析与综合是对立统一关系，是相辅相成的两种思维和研究方法。只有从对立统一关系去认识分析方法，才能深刻理解把两者结合起来的重要意义。

第三节 研学旅行活动中的调研方法

调查研究是研学旅行，尤其是德育、人文素养、体育及美育类型研学旅行活动的重要手段。信息资料收集方法、质的调查方法（也称定性调查方法）、抽样方法、问卷设计方法（也称定量调研方法）等是这类工作必须掌握的能力。下面逐一介绍上述4种方法。

一、信息资料收集方法

以资料、情报为代表的信息资源在进行研究工作中是不可或缺的，信息资料收集不全就会导致错误。例如，人们曾经认为"天下乌鸦一般黑""所有的鸟都会飞"，可是，面对"白乌鸦"和"鸵鸟"，人们就只好否定上述结论了！因此，能否很好地进行资料的收集对创造性的完成研学旅行活动工作影响很大。信息的收集包括两个方面,即调查研究和信息处理,这两方面常用的技法也大不相同。

资料收集的方法很多,常用的方法主要有文摘卡片法、笔记收集法、文件归档法等。

(一) 文摘卡片法

笔记本是收集、积累资料的有效工具。但是由于本子上的页码是固定的,所以作为资料利用时会有许多不便;所以,采用资料文摘卡片就成为一种比较有效的方法。

资料文摘卡片一般使用质地较好的硬质纸张做成便于携带的小纸片。利用这种卡片可以处理资料,或用于评价设想、决定顺序等。在使用过程中,使用者可自由地增减资料和设想。因此,使用资料文摘卡片收集资料、进行资料整理都十分方便。资料文摘卡片一般格式如下:

文 摘 卡

```
题    目_____
作    者_____  译  者_____
书刊名称_____卷_____期_____页_____年_____月
内容摘要_____
_____
_____
_____
```

资料文摘卡片不仅可以记载资料,也可以写思考者的设想。一般情况下,一张卡片上,只能填写一个设想或资料。用于记录设想的卡片的格式如下:

设 想 卡

```
设想题目_____
内容摘要_____
_____
```

使用资料文摘卡片,就是在查找资料时,把需要的资料随时记录在卡片上,在有突发的想法时,将设想记录在卡片上。因此,资料文摘卡片要随身携带。

资料文摘卡片的优点主要有以下几点:第一,可以使情报标准化。第二,可以使零散的情报集中起来。第三,便于对资料和设想进行整理、分类、归纳。第四,容易掌握情报之间彼此的关联。

(二) 笔记收集法

笔记收集法就是以人们记笔记的习惯为基础。在集体范围内实现观点收集的创造技法。运用笔记收集法可以调动人们潜在的思维和洞察能力,引发出有价值的设想。

使用笔记收集法,首先确定参加人和领导人,参加人每人一本笔记。在这本笔记上对给定的课题,每天要把自己的意见和想法记上一次或数次。经过一定时间,领导人把笔记收集汇总。领导人要仔细归纳收上来的笔记,把摘录的要点和别的资料反馈给参加人,进一步提出新的问题。记在笔记本上的问题,没有任何限制。但最重要的是每人每天必须坚持写笔记,不可间断。同时,记录者在记录的同时,一定要对笔记进行有效的归纳和恰当的摘要。

使用笔记收集法,可以按照如下步骤进行:第一步,确定题目。第二步,确定领导人、参加人。第三步,将封面写有题目的笔记本分发给参加人。第四步,参加人将设想记在自己的笔记本上。第五步,一个月后领导人把笔记本收集起来,领导人阅读各人笔记,摘要汇总。第六步,参加人可以看任何一本摘录完的笔记。第七步,全体成员参加讨论,对获得的信息进行最后整理。

(三) 文件归档法

一个组织团体的维护和发展需要文件,而这些文件应由该组织团体妥善地进行整理、保管,能够按照需要随时利用,直到文件作废为止,这样一系列的有关制度称为文件归档法。

文件归档的目的是合理、有效的使用文件内容。因此,进行文件归档时应当与业务活动紧密结合，实行以"便于利用""便于检索"为目的的文件归档工作。

首先，为了使文件档案"便于利用"，基本上要把经常使用文件按使用的类型整理成一部文件档案。只要取出这部文件档案，就可以了解这项业务的内容。

其次，要考虑便于检索的问题，按照业务上的需要能够立即查到所需要的情报。这里最要紧的是不能把文件档案搞得很厚。为了容易检索，限制数量比在质量方面花费心思去搞多样化的检索方法，往往更有效果。这种直立式的归档，在一部文件档案内收进的文件应限制在20~80页。

再次，按照上述原则做成文件档案，弄清它在开展业务中占有的位置以后，为了便于利用，把它同经常一起使用的文件档案组成一个文件档案群。由于每个文件档案都是与业务开展同时形成的，它在业务上的必要性十分清楚，并且可以依据它鉴别出业务情报的优劣。

最后，给组成的文件档案群编制目录索引，把单个的文件档案排在便于检索的地方。这种直立式归档法，基本上是由第一索引包括的2~5卷和第二索引包括的5~10卷的文件档案所构成。

二、质的调查研究方法

在调查研究过程中，既可以通过以典型调查取得量的信息为目的的方法取得调研数据，也可以通过质的调查研究方法，取得质的信息，实现调研目标。这里首先介绍质的调查研究方法。

质的调查研究方法主要依靠访谈式调研，由于需要与被访者沟通，一般情况下，个别的访谈难度较大。因为在个别交谈时，人们会表现出紧张，思想不流畅等现象。与此相反，在集体的场合，由于集体思考会接连不断地产生想法，在互相影响之下能够得到各种各样的反应。因此，集体调查则相对比较容易操作。这里将介绍几种典型的集体调查技法。

（一）集体调查法

集体调查法是利用团体功能进行的一种调查方法。该方法一般选择调查对象6~8人，由接见人（也称会议主持人）把调查对象召集在一起，同时进行集体的调查。通过集体讨论使参加者们进行活跃的交流，大家一起互相商量、研究，进而确定哪种意见适合。使用集体调查法，要尽量使用大众化的对话方式，不能用命令式的。要使用自由对话形式进行调查，让参加调查人员进行自由交谈，主持人不能诱导被调查回答。这样，就尽可能地保证调研的客观性。

在实施集体调查法的过程中，一般按如下几个步骤进行。

第一步，进行总体分析。这一步主要完成如下几项工作：首先，整理问题，确定课题。其次，收集有关课题的资料，并深入挖掘。最后，提出设想或假说。

第二步，制订调查计划。这一步主要完成如下几项工作：首先，确定调查项目。其次，选择、确定合适的参加调查的对象。

第三步，确定工作计划。这一步主要完成如下几项工作：首先，制订工作计划表。其次，召集参加调查人员。再次，制订调查项目计划表。最后，确定调查负责人、助手、记录人员。

第四步，实行集体调查。这一步主要完成如下几项工作：首先，将调查的过程用各种方法记录下来。其次，对于难度较大的问题，可以用其他调查方法辅助调查研究。

第五步，对调查结果进行综合分析。

第六步，以对调查结果的综合分析为基础写出报告。

（二）中心小组调查法

运用中心小组调查法，可以从讨论中引出启示和假说。因为，有着相同问题的人们，彼此之间愿意交谈而没有顾虑。这个条件是中心小组调查法的基础。使用中心小组调查方法对于某个领域的问题进行调查，由适合回答这类问题的同类型的人员组成小组，在召集人的指导下，组织他们进行讨论。

运用中心小组调查法时，参加小组调查的人员应根据问题的性质而有所不同。参加人数 8~12 人较好，人少了则每人负担过多，人数过多，发言机会就少，也不好。

一次会议所需时间大约 1.5~2 个小时。这样时间适中，调研者可以从讨论中得到想得到的情报。调查完成之后，也便于整理报告。如果需要调研的题目太大，调研者可以将题目分解成几个问题，保证调查工作顺利进行。

运用中心小组调查法时，召集人的作用是很重要的，一般熟悉心理学理论的人比较合适，有时也可以聘请专门的心理学者来当召集人。中心小组调查法对其他调查者要求也很高。为了在调研活动中造成一种统一的、有刺激性的气氛，调查者需要引导被调查者积极参与讨论，形成两者的互动。调查者在调查过程中，应当深刻理解调查的目标和性质，深刻理解问题的实质，注意倾听每一个被调查者的叙述，并且注意力高度集中，认真分析，获得有效的信息。对那种一瞬间闪现出来的启示，应当立即抓紧追踪。这些都需要有相当高的技术和训练。

三、抽样方法

在研学旅行活动中，定量数据的分析是很有说服力的，因此，掌握定量调研方法十分重要。在获取定量数据的调研过程中，抽样方法、问卷设计原则以及数据的整理是必须掌握的定量调研基本方法。下面将分别介绍抽样方法、问卷设计等方法，帮助大家了解定量调研方法的定义和类型，了解抽样的原则并学习正确的抽样方法，了解和熟悉问卷设计的基本结构内容。

在开展研学旅行活动过程中经常需要实施定量的调查，例如，我们要调查某一年中央一号文件的某项惠农政策实施后农民增收的情况，可以通过抽样调查的方法对于整体情况进行了解，发现其中普遍存在的问题，并结合定性的方法深入分析。

定量研究与前文提到的质的研究重视的都是研究的客观性、科学性与数据分析的正确性。因此掌握正确的定量资料收集方法，选用正确合适的统计方法，站在客观的立场分析数据，使获得数据成为有用的信息，从而验证开展研学旅行活动之初做出的假设，归纳整理出结论。定量研究方法是研学旅行活动过程中一个必不可少、并且十分有效的手段。

使用观察、测验、量表、问卷等方法可以获得研学旅行活动所需的数据资料，这些数据可以作为假设检验的基础，因此，为了获得有效的资料，选用合适的统计方法开展工作，为支持或否定原假设提供证据资料，显得十分重要。

定量研究方法主要在于数据的取得、计算机统计应用的分析。量的研究历程通常包括选择与定义、执行研究的程序、数据分析和结果分析、结论4个步骤。

（一）抽样调查的基本概念

抽样调查是从总体中抽取一定数量的样本来推断总体情况的一种调查研究方法，它是按照科学的原理和计算，从若干单位组成的事物总体中，抽取部分样本单位来进行调查、观察，用所得到的调查标志的数据以代表总体，推断总体的情况。

在大学统计学专业，抽样的相关内容甚至是可以作为一门课程开设的。为了掌握定量调研方法，做好研学旅行活动，就需要首先掌握以下几个抽样调查的重要概念。

总体：也称一般总体，指研学旅行活动中确定的研究对象的全体。

个体：也称个案，指组成总体的每个元素。

样本：也称抽样总体、样本总体，从总体中抽取的若干个案所组成的群体。样本容量通常用符号 n 表示。

样本统计值：在实际研究中直接从样本中计算得到的各种量数。

总体参数值：从已知统计进行推论得到的各种量数，称为总体参数值。

统计推论：统计推论就是用样本统计值推论总体参数值的统计方法。

在大多数情况下，抽样调查具有随机性、推断总体、估算误差以提高准确度等特点。

（二）选择抽样调查的方法

要正确使用抽样调查方法，在进行抽样方案的设计时，首先应该按照正确的抽样调查的步骤执行。在研学旅行活动中，应当做好如下几步工作。

第一步，准确界定调查总体。界定调查总体就是要清楚地确定研学旅行活动针对对象的范围，为满足研学旅行活动目的的需要，调查总体可以从以下几个方面进行表述：地域特征，年龄、性别等人口统计学特征，群体特征等。

第二步，选择资料获取方式，资料收集方式对抽样过程有重要影响。例如，采用入户面访、电话调查、街上拦截，还是网上调查、邮寄调查等对抽样结果都会有不同的影响。在研学旅行活动中，一般从操作相对方便角度考虑，往往采取面访填写问卷的形式。

第三步，选择抽样框。抽样框也称抽样范畴，是抽取样本的所有单位的名单。例如在这里要调查北京市社会工作者参与公益活动情况,抽样框就是某一年北京市全体在册的社会工作者的名单。同时,抽样框的数目是与抽样单位的层次相对应的。如区、街道等,这样抽样框也应有 3 个,全北京市的社会工作者名单、不同区的社会工作者名单、各区县中各街道的社会工作者名单。

准确地抽样框必须符合完整性与不重复性两个条件。在实际抽样操作中,实现这两个条件是很不容易的。比如要抽取北京的居民户作为样本,就可能出现一户有多处住宅情况,或者由于居住条件有限,好几户居民居住在一个门牌号码的情况,这就出现重复或者遗漏的情况。因此,选择一个适当的抽样框是不可忽视的问题。

第四步,确定抽样方法和抽取样本。选择抽样框后,接下来就可以确定抽样方法,并决定样本大小。

第五步,评估样本正误。在从总体中抽出样本后,不要急于做全面的调查,可以初步检查一下这个样本对总体的代表性如何,资料有无代表性,需要按确定的标准加以评估。这项工作在需要学校支持的(经费支持、重点团队确立等方面)情况下,最好在申请提交前完成评估样本正误。

(三) 抽样方法的种类

抽样方法主要分概率抽样和非概率抽样两大类,也就是专业人士通常所说的随机抽样与非随机抽样。所谓概率抽样就是按照随机原则选取样本,完全不带调查者的主观意识,使总体中所有个案都具有相同的被抽入样本的概率。而与之相对应的非概率抽样则是依据研究要求,主观地、有意识地在研究对象的总体中进行选择抽样。

非概率抽样主要包括判断抽样、巧合抽样等方法。非概率抽样方便易行,为争取时效或达到特殊目的实施的问卷调查中经常使用。但是,这类方法受主观和巧合因素影响比较大。例如,通过研学旅行活动实施判断确定样本,而研学旅行活动的主体是学生,经验相对不足,如果判断不准,误差就会很大;再如,巧合抽样中常采取的"街头拦人法",在中关村街头(中国科学院的院所众多和清华、北大等高校均在该地区)拦下的行人可能是两院院士、也可能是一名普通的退休工人、还可能是一名外来农民工。有时,由于在一些研学旅行活动中考虑到资金或时间的客观制约因素，无法实施概率抽样时，可以使用非随机抽样的方法进行调查，很可能无法保证样本代表性，不能用来推论总体。因此，在整理总结结论时需予以解释分析，得出恰当的结果。因此，为了使研学旅行活动做得更好，笔者认为最好采取概率抽样（随机抽样）方法。一般来说，概率抽样包括如下几种方法。

1. 简单抽样

简单抽样，也称纯随机抽样、简单任意抽样法。该方法是从调查总体中完全按照随机的原则抽取调查样本，即先将总体中的每一个个体都编上号码，然后抽出需要的样本。简单抽样经常使用的是统计上的随机数表。简单抽样的不足之处是这种选择方式可能导致抽出的样本不一定具备代表性。例如，开展北京市社会工作者参与公益活动情况调查，如果简单抽样就可能导致抽出的样本男女比例失调等情况出现。

2. 等距抽样

又称机械抽样、系统任意抽样法。这种方法就是根据构成总体中个案出现的顺序，排列起来，每隔 K 个单位抽取一个单位作为样本。

K 值指每隔多少个抽一个，计算公式是：

$K=N$（总体个案数）$/n$（样本个案数）

相对于简单抽样方法，等距抽样易于实施，工作量小；而且样本在总体中分布更为均匀，抽样误差小于简单抽样。它的不足之处是容易出现周期性偏差。为了防止这种情况，学生可以取一定数量的样本后，打乱原来的顺序，重新建立顺序，以纠正周期性偏差。

3. 分层抽样

分层抽样，也称类型抽样、分类抽样或分层定比任意抽样。分层抽样是将总体各单位先按照主要标志分组，然后在各组中采用简单或机械抽样方式，确定所要抽取的单位。分层抽样实质上是科学分组和抽样原理的结合。例如，在抽取北京市社会工作者参与公益活动情况调查的样本内，根据原来所学专业类别（社会工作、非社会工作）以及社会工作者的工作时间，进行分组抽样的依据。

确定抽样的数目时，一般可以采用如下两种方法。

（1）定比。就是对各个分层一律使用同一个抽样比例。抽样比例 f 的计算公式为：

$$f=n（样本个案数）/N（总体个案数）$$

（2）异比。如出现其中某一层可供抽样的对象特别少，按同一比例抽样所获得的个案数量太少，就会影响这一层抽样个案的分析。要解决这个问题，就可以在这一层采用比其他层较大的取样比例，这叫作异比分层抽样。

在研学旅行活动调查抽样时，实施上，可以首先将总体分成几个不同的小群体，各层间尽可能异质，各层内尽可能同质，然后从每层中利用随机抽样方式，依一定比例各抽取若干样本数。

分层随机抽样的步骤如下：①确认与界定研究的总体；②决定所需样本的大小；③确认变量与各子群，以确保抽样的代表性；④依据实际研究情形，把总体的所有成分划分成数个阶层；⑤使用随机方式从每个子群中按照一定的比例人数或相等人数抽取样本。在研学旅行活动涉及的抽样调查中，我们就可以采取上述步骤。总体是北京市某街道所有青年居民2万人，样本大小是1000人，根据男女的比例，比如是5.5：4.5，就从男士中抽取550人，从女士中抽取450人，分别抽取。

4. 整群抽样

整群抽样，也称聚类抽样、集团抽样。是以一个群组或一个团体为抽取单位，而不是以个人为抽样单位。使用整群抽样法的特点是，抽取的样本点是一个群组，总体内的群组间的特征比较相近、同质性高，而群组内彼此成员的差异较大。如要调查北京市一个区（县）社会工作者参与公益活动情况，可以抽取其中一个或几个街道进行调查。

整群抽样的步骤有：①确认与界定总体；②决定研究所需的样本大小；③确认与定义合理的组群；④列出总体所包括的所有组群；⑤估计每个组群中平均总体成员的个体数；⑥以抽取的样本总数除以组群平均个体数，以决定要选取的组群数目；⑦以随机抽样方式，选取所需的组群数；⑧每个被选取组群中的所有成员即成为研究样本。

5. 多段抽样

多段抽样是一种较复杂的抽样方法，即从集体抽样到个体抽样，分成若干阶段逐步地进行。在各段之间则可采用简单的或分层的抽样法,在大规模调查时常用,不足之处是经过多段抽样,可能导致误差较大。

除了以上几种基本的抽样方法,抽样方法还有很多;根据学生研学旅行活动的特点,以下两种方法也可以采用。

一是推荐抽样,也称雪球抽样,要求回答者提供附加回答者的名单,起初汇编一个比总样本要小得多的名单,随着回答者提供额外的回答者。其他名单意味着样本如雪球一样越滚越大。如果参与研学旅行活动的学生不知道调研对象总人数是多少,可用此方法预测总人数,然后进行概率抽样。

二是空间抽样,可以在特定的空间抽取样本,例如,调查一个大型活动的参与的群众情况,可以在现场直接进行快速空间抽样,把参与研学旅行活动调研的学生分散开,按照一定的规律和数字间隔进行采访。

(四) 确定样本大小

样本大小又称样本容量,指的是样本所含个体数量的多少。样本的大小不仅影响其自身的代表性,而且还直接影响调查的费用和人力的投入。确定样本的大小,需要重点考虑的因素有:精确度要求、总体的性质、抽样方法、客观制约(即人力、财力的因素)。

参与研学旅行活动调研的学生必须了解的是样本的大小与总体的关系不是成直接正比的关系。因此,在研学旅行活动时选择样本大小,可以从以下几个方面来考虑样本的数目。

(1) 在低年级阶段可以借鉴前人相似的研究,查阅资料,参考别人的样本数,作为参考。

(2) 根据资料分析的要求,样本的数目首先要够作资料分析。

(3) 根据统计的要求,样本的大小与抽样误差成反比,与研究代价成正比;这就需要依据"代价小、代表性高"的基本原则开展工作。对同质性强的总体,其差异不大,选择样本可以小一点。而异质性高的总体,则要选择大一些的样本。估计样本的大小可以用一个简单的公式:$n = (k \times \delta / e)$。式中,$e$ 是抽样误差,即总体的参数值与样本的统计值之间的差异;δ 是总体标准差,反映了总体变量值分散的程度;k 是可信度系数,样本对总体的代表性程度。例如,可信度为 95%，可信系数 $k=1.96$，我们在决定样本大小的时候，要考虑到 k、δ、e 三个因素。

开展研学旅行活动抽取样本时，应根据具体情况具体分析，选择适当的抽样方法，选取有代表性的小样本。

四、问卷设计

问卷就是为了完成研学旅行活动调查工作而设计的问题或问题表格。问卷是为了达到调研项目目的和收集必要数据而设计的一系列问题。如何设计一份合格有效的问卷是研学旅行活动必须要面对的重要问题。

（一）问卷的类型

问卷的类型很多，具体的类型如下。

1. 按问卷答案划分

按问卷答案划分，问卷可分为结构式、开放式、半结构式3种基本类型。

（1）结构式：通常也称为封闭式或闭口式。即选择题式的打钩或者画圈。此类问卷的优点是问题明了，被访者易答且答案标准化，便于统计分析，不足之处在于答案给定不能反映出回答者的真实想法，因为产生歧义胡乱画钩的可能性较大。

（2）开放式：通常也称为开口式。采用问答形式，不设置固定的答案。此类问卷的优点在于，可以充分反映答卷者的想法，尽可能收集更多的答案，特别是用于答案过多且不确定的问题，如您目前最希望社区能提供哪些服务。不足之处在于，答案没有统一的标准而不利于统计分析，要求答卷者具有较高的文化水平和表达能力，回答拒绝率较高等。

（3）半结构式：介于以上两者之间，问题的答案既有固定的、标准的，也有让答卷者自由发挥的，吸取了两者的长处。这类问卷在研学旅行活动涉及的调查中应用比较广泛。

2. 按调查方式划分

按调查方式分，问卷可分为访问问卷和自填问卷。

（1）访问问卷：是由研学旅行活动学生进行访问，由学生填答的问卷。此类问卷的特点是回收率高，填答的结果也最可靠，可是耗费的时间长，人力物力成本比较高，这种问卷的回收率一般都要求在90%以上。

（2）自填问卷：是由被访者自己填答的问卷。自填问卷还可以分为发送问卷和邮寄问卷两类。而邮寄问卷是由调查者直接邮寄给被访者，被访者自己填答后再邮寄回调查单位的调查形式。此类问卷的回收率低，调查过程不能进行控制，并且容易出现偏差，影响对总体的判断，一般来讲，邮寄问卷的回收率在50%左右即可。发送问卷是由研学旅行活动学生直接将问卷送到被访问者手中，并由调查员直接回收的调查形式，此类问卷的优点和不足之处介于上述两者之间，回收率要求在67%以上。

3. 按问卷用途分

按问卷用途分，可以分为甄别问卷、调查问卷和回访问卷（复核问卷）。

（1）甄别问卷：是为了保证被访者确实是研究调查的目标群体，在调查中是为了保证调查的被访者确实是调查目标人群而设计的一组问题。在一般的问卷调查中，甄别的问题一般包括对年龄的甄别、性别的甄别等为特定研究目的设定的问题。

（2）调查问卷：即问卷调查的主题、问卷的分析基础。

（3）回访问卷：即复核问卷，为了核实调查者是否按照要求回答及调查问卷是否有效的问卷。通常由甄别问题及调查问卷中的关键问题组成。

由于研学旅行活动时间较短，且没有商业目的，甄别、回访调查使用的比较少。

以上是问卷的基本形式，在实际操作过程中，学生可以根据调查的需要，选择设计所需要的问卷形式。

（二）问卷结构内容

问卷表的一般结构有标题、说明、主体、编码号、致谢语和实施记录6项。

1. 标　题

每份问卷都有一个主题，设计研学旅行活动问卷时应开宗明义，反映具体的调研主题，使人一目了然，让受访者知道要调查什么，增强填答者的兴趣和责任感。

2. 说　明

问卷前面应有一个说明。这个说明既可以是一封告调查对象的信，也可以是导语，说明这个调查的目的意义、填答问卷的要求和注意事项，下面同时署上调查单位名称和年月。问卷的说明是十分必要的，这不仅可以增强可信度也是尊重被访者的表现。

3. 主　体

这是问卷的核心部分。问题和答案是问卷的主体。从形式上看，问题可分为开放式和封闭式两种。从内容看，可包括事实性问题、断定性问题、假设性问题和敏感性问题等。

（1）事实性问题。被访者的背景资料，如姓名、性别、出生年月、文化程度、职业、工龄、民族、宗教信仰、家庭成员、收入情况等。

（2）断定性问题。假定某个调查对象在某个问题上确有其行为或态度，继续就其另一些行为或态度做进一步的了解，又称转折性问题。

（3）假设性问题。假定某种情况已经发生，了解调查对象将采取什么行为或什么态度。

（4）敏感性问题。指涉及个人隐私、社会地位、政治声誉，或不为一般社会道德和法纪所允许的行为等。

4. 编码号

在问卷上统一为每个答案依次填上编号。如果1个问题有1个答案就占用1个编码号，如果1个问题有3种答案，则需要占用3个编码号。编码也可以不出现在每份问卷上，在需要统计分析时进行编写。设计编码号主要是为了在使用统计软件统计时录入方便而做的工作。

5. 致谢语

为了表示对调查对象真诚合作的谢意，研究者应当在问卷的末端写上"感谢您的真诚合作！"等致谢词。如果在说明中已经有了表示感谢的话，末尾则可以写，也可以不写。

6. 实施记录

实施记录主要是用来记录调查的完成情况和需要复查、校订的问题。格式要求比较灵活，一般调查者与校查者在上面签写姓名和日期。

以上问卷的基本项目，是要求比较完整的问卷所应有的结构内容。在研学旅行活动中使用的问卷一般都可以简单些。

（三）问卷设计的程序步骤

为使问卷具有科学性、规范性和可行性，问卷设计的步骤可以按照下列程序进行。

（1）确定调研的目的、调查的范围、内容等相关背景信息资料。在正式设计问卷前，明确要问哪些问题，可能获得哪些结论，这对整个问卷的质量以及下面步骤的实施有一个引领作用。

（2）确定数据收集方法，选择哪一种数据的收集方法，采用何种调查形式，对问卷的设计都有影响。例如，自我回答的访问就要求问卷设计的清晰明了且简短，因为参与调研的学生不在场，没有解释澄清问题的机会；电话调查则要描述语言清晰丰富以使回答者理解，而在个人访谈中就可以借助图片等方法完成调查。

（3）确定问题的回答形式，问题的回答形式可以有开放式问题、封闭式问题、量表回答式问题。封闭式问题中有单选问题和复选问题（多项选择）。

（4）决定问题的用词，必须考虑到以下几点：用词必须清楚；避免诱导性用语；考虑回答者回答问题的能力；考虑到回答者回答问题的意愿。

（5）确定问卷的流程和编排。问卷的编排需有逻辑性。

（6）评价问卷和编排。设计完问卷的草稿，应当首先自行评估，学生也可以请比较有经验的指导老师进行评估，以修改编排问卷等。

（7）预先测试和修订。在正式调查之前，需要预先抽取少量被访对象进行预测，以判断问卷的有效性及需要改正的地方。

（8）评价和预测。主要是通过对问卷进行评价和预测，发现潜在问题；保障调查的顺利实施。

（9）准备问卷，进入实施阶段。

（四）问卷设计原则

（1）设计内容必须与研究目的相符合。

（2）考虑按不同的变量层次来设计问题。

（3）问题要清晰，语言要易懂。由于调查问卷的目的是尽可能地获取被访者的信息，因此无论哪种问卷，问题的措辞与语言十分重要。语言措辞要求简洁、易懂、不会误解，在语言、情绪、理解几个方面都有要求。①多用普通用语、语法，对专门术语必须加以解释；②要避免一句话中使用两个以上的同类概念或双重否定语；③要防止诱导性、暗示性问题，以免影响回卷者的思考；④问及敏感性问题要讲究技巧；⑤语言要浅显易懂，要考虑到回卷者的知识水准及文化程度，不要超过回卷者的领悟能力；⑥可以使用方言。如果被访对象在方言区访问时更应如此。

（4）讲究问卷的格式，注意问题间的转接。有些问题只适用于一部分对象，必须先提出识别性问题，符合了条件再问下一类问题。

（5）要注意问题的排列顺序。①应把简单的事实性问题放在前面，而把表示意见态度的问题放在稍后；②对于敏感性问题或开放性问题，应放在问卷的较后面位置，但不必全放在最后；③遵照逻辑发生次序安排问题的先后，时间上先发生的问题先问，不同主题的问题分开，同性质的问题按逻辑次序排列；④为了加强答案的可靠性，可以从正反两个方面或问卷的前后不同位置来了解同一件事情；⑤要把长问题与短问题混合使用，也可依照范围的大小，按从小到大的次序排列层层缩小。

总之，问题次序可以依照题目、逻辑的先后、重要性如何、范围的大小来排列。

此外在填表时需注意：对拒答、不答的问题，以最高编码编写，如资料是一格的填"9"，是二格为"99"，依此类推。不应该回答的无此项资料可填"0"。

（五）评价问卷的标准

如何评价问卷并根据测试结果修改问卷呢？良好问卷的评价标准是什么呢？中国台湾学者林振春先生就良好问卷提出了10点评价标准。

（1）问卷中所有的题目和研究目的相符合。

（2）问卷能显示出和一个重要主题有关，使填答者认为重要，且愿意花时间去填答，亦即具有表面效度。

（3）问卷仅在收集由其他方法所无法得到的资料，如调查社区的年龄结构，应直接向户政机关取得，以问卷访问社区居民是无法得到的。

（4）问卷尽可能简短，其长度只要足以获得重要资料即可，问卷太长会影响填答，最好能30分钟以内完成。

（5）问卷的题目要依照心理的次序安排，由一般性至特殊性，以引导填答者组织其思想，而让填答具有逻辑性。

（6）问卷题目的设计要符合编题原则，以免获得不正确的回答。

（7）问卷所收集的资料，要易于列表和解释。

（8）问卷的指导语或填答说明要清楚，使填答者不致有错误的反应。

（9）问卷的编排格式要清楚，翻页要顺手，指示符号要明确，不致有翻前顾后之麻烦。

（10）印刷纸张不能太薄，字体不能太小，间隔不能太小，装订不能随便。

（六）问卷调查主要类型

常用的问卷调查方法有访问、邮寄、发放等，采用哪种方法进行调查，我们也需要考虑其利弊。

1. 访 问

由参与研学旅行活动的学生根据被调查者的口头回答来填写问卷的方式。采用访问的问卷方法，尤其是入户访问，具有资料较真实、可信度高、完整性高、回卷率高、问题可以追问弹性大等优点，但是也有访问时间长、成本高、代价高、受访者与访问者产生偏见或敷衍回答等不足之处。

在此类访问实施过程中，我们需要注意以下几点。

（1）在抽样方法的选择上要进行充分的考虑，因为实施的代价比较大，尽量使样本具有代表性。

（2）问卷不宜太长，入户访问估计时间尽量在30分钟以内，印刷时双面印刷要比单面印刷效果好些，这样受访者会觉得好像短一些，不会耗费他很多时间。

（3）访问选择的时间应当在双休日或节假日为佳，在研学旅行活动中，访问员可以是自己，也可以在学校组织同学，告知被访者自己的学生身份，说清研学旅行活动的目的，必要时出示学生证件，使被访者容易接受，减少拒访率。

（4）明确访问目的，严格控制访问时间，并且根据观察被访者分辨哪些是马马虎虎敷衍的答案，哪些是被访者真实的想法。为了避免影响被访者的意见，尽量完整地取得被访者的真实想法。

（5）注意访员的自身安全。

2. 邮　寄

邮寄与访问调查比较的优点是省钱，回卷者可以在他方便的时候回答问卷，匿名性大。但邮寄也有不足之处，主要是回复率低、缺乏弹性、无法追问你不清楚的问题。邮寄问卷需注意以下几点。

（1）邮寄的主人会直接影响到回复率，在开展研学旅行活动时可以通过与政府部门、报刊等合作，并以联合的名义进行社会调查。

（2）应将回邮的地址、信封邮票都寄给受访者；在信封的封面上采取尊敬的礼貌的称呼，在信的最后要加上请你必须在哪一天以前寄回来的手书，可以增加回卷率。

（3）诚恳地说明研究的目的，请求对方合作，如果资金条件允许，可以采取邮寄奖品的形式，如纪念卡、明信片等，提高回卷率。

3. 发　放

依靠组织系统发放问卷的方法。发放方式即由各级负责人讲明调查目的、要求，交代方法和步骤，在与单位沟通协商后，单位一般能够积极配合，这样的答卷效果好。但也可能遇到个别不配合的单位，这样就会导致发放效果不佳，影响调查效果。

第四章 研学旅行中的问题及发现问题的能力

问题是个司空见惯的词汇，人们在日常生活、社会活动或工作中总会遇到这样或那样的问题。因此，也就必须不断的回答问题或解决问题。培根有句名言："如果你从肯定开始，必将以问题告终；如果你从问题开始，必将以肯定结束。"贯穿这句名言因果关系的中间环节是一个复杂的思维过程。物理学家波普尔也有过英明的论断：科学始于问题。问题是触发思维的起点；而解决问题又是思维的成果。问题是智慧的迷宫，探索问题才能获得新知识，才能丰富智慧、发展潜能、走向成功。可以说问题是思维的动力、目标，也是思维的产物，因为思维发现问题，界定问题。由于问题与研学旅行活动有着难分难解的关系，因此，设计研学旅行活动还要从讨论问题的本质出发，研究发现问题的规律。

第一节 问题概述

一、问题的定义

"问题"是个多义词。在现代汉语中问题一词的释义：①要求回答或解释的项目。②须要研究讨论并加以解决的矛盾疑难。③关键，重要之点。④事故或意外。在英文中 Problem、Query、Question 三个词都有问题的含义，其中 Problem 不仅是指简单的一般的问题以及待解决的习题（如几何题、测试题等），而且是指"难解之题""不可解之事物"和令人困惑的事。由 Problem 演变而来的 Problematical 一词还有"盖然性""或然性"或"未定的"等含义。Query 是正式用语，指关于某个特殊事情的特殊问题（如对某个规划某个项目提出几项问题）。它不仅表明提出问题的人的怀疑或反对倾向，也表示提问者意在提出问题以供（他人）考虑和解决。Question 特指想发现某事物或想得到确切信息而加以询问，因而这类问题一般是待答复的问题（如请示，请教问题），此外，Question 还表示议题（争论点）和交付表决的问题等。

对于问题的理论范畴已引起人们重视、理解，也众说难定。从研究思维与创造的实用的角度我们做以下界定，以供思考之需。

（1）问题就是矛盾和冲突。

（2）问题就是疑难和困境。

（3）问题就是目标和追求之间的差距。

（4）问题就是人们面临一项工作任务，而又没有直接技术手段，去完成时所产生的境地，也就是问题。寻求完成工作的技术手段的过程，就是解决问题过程。

（5）问题表现为一种有目的、有组织，并为目的实施的过程。

（6）问题是给定信息，技术手段与目标状态之间有某些障碍需要加以克服的情境。

（7）当一个人有某种欲望或需求，自己又不知道通过哪些行为才能实现时就面临着一个问题。

（8）当我们面对某些客观（或自然）的现象，用现有理论无法解释或对现有理论产生疑问时，就遇到了问题。

（9）当人们的现实处境与所企求的目的之间遇到障碍，并感到无法通过已具有的经验或掌握的知识逾越障碍时便出现了问题。

（10）佯谬和悖论都是问题。

……

以上引用的一些定义，是从心理学、逻辑学、认识论、信息论等多种学科理论出发概括的。有些具有普遍性，有些又是对特殊类型的问题做出的，有的过于简单、有的又过于狭窄；但基本反映了问题一词的含义，也显示了问题的复杂性和多样性。如果从创造实践的角度去理解，上述"问题"定义涵盖的一个普遍性的特征便是解决上述定义的疑问，都是对创造能力的一种挑战，只有通过缜密的或者说通过创造性思维，才能取得令人满意的结果。

二、问题的特征

问题复杂、多样，但是有其共同的特性，深入了解问题的特性有助于对问题的含义深入理解、判断和解决。问题的特征可以从宏观和微观两个方面来分析。宏观特征主要表现为普遍性、多样性和相关性；微观特征则表现为情境性和多维性。

1. 普遍性

问题的普遍性是指问题的广泛性和持续性。一方面，问题不但数量多，而在自然与社会领域无处不在，不仅在认识和改造自然活动中普遍存在着大量的问题，在社会生活领域中政治、经济、生产、社会交往、工作、学习、婚姻、家庭乃至生老病死都有大量的问题与每个人息息相关。小至吃饭、穿衣，大至全人类的生存、发展，涉及各个科学领域，如哲学问题、科学问题、艺术问题、经济问题、政治问题、环境问题等。另一方面，问题具备持续性。问题的存在是永远不间断的，随着社会的发展，问题也在不断地增多和深化。

2. 多样性

问题的多样性是说问题的形式和类型的多样性。就时间领域有历史问题，有现实问题和未来发展问题；就空间领域，有单领域问题和跨领域（交叉）问题，有内部问题和有外部问题；从组织角度，有结构问题，也有关系问题；从功效角度，有功能问题和价值问题；从表述方式角度，有形式问题和内容问题，有语言问题和非语言问题，有描述性问题和规范性问题；从重要性角度，有核心问题，也有边缘性问题和枝节问题；从表现形式上，有抽象问题、具体问题和现实问题，有心理感受问题和行为表现问题。就解题方式区分，有分析问题，也有综合问题。更兼这些特征，在大多数问题中的表现是重叠并存的。综上所述，可见问题的特征庞杂而多样，探讨这些特征，有助于理论研究，更主要的是针对问题的特征表现，可以采取不同的思维方式和与之相应的解题方法。因此在创造性解决问题时，必须对具体问题的表形特征，首先有一个明确的认识。

3. 相关性

从宏观角度分析，现实中没有孤立的问题，问题与问题之间，借助一定客观存在的关系形成一个有层次、有结构、相互影响的问题系统。一个成熟的学科或科学部门，都有一个问题系统，一个学科群（更大的学科领域）有一个由多个问题系统构成的网络系统（大系统）。在问题系统内部，问题与问题之间表现为一定的结构形式（系统结构），相关问题作为一个系统单元与其他单元（问题），存在着相关性、层次性，相互影响和制约。这种结构关系，对问题的解决有明显的促进和作用，即为解题提供了有利条件，同时，也提高了解题的复杂性。这也就告诫我们不能孤立地看待问题和解决问题。

4. 情境性

问题是在一定情境中产生的，是特定情境的一部分；问题的发现、理解和解决都与问题的情境密切相关。何谓情境和问题情境呢？苏联心理学家鲁宾斯坦因认为：有两个或两个以上的可能性可供选择时，即形成情境。"如果情境与人们过去已经获得的经验不一致而发生冲突时，就形成问题情境。"苏联心理学家彼得罗夫斯基等也把"过去的活动手段和方式已经不够用情境……叫作问题情境"。美国学者 R. M. 高登松把情境分为情境和问题情境。情境是指不用思考，完全靠习惯条件反射作用来解决的情况。问题情境则是指靠惯用方法不能解决，需要运用和发明新方法才能解决的情境。

综上所述，可以看出，问题与情境是相关的，问题产生于问题情境。问题在于怎样理解问题情境的性质？怎样理解问题与问题情境之间的关系？就情境这一概念有两层含义，一是事物呈现出来的样子（形状、神情、形势、趋势变化等），是事物客观的反映，真实存在于事物本身；二是认识主体（人）对事物样子或情况的感受（直觉、思维与认识）。二者紧密联系，情境才能有真实的反映。试想，一只在深山中戏耍的猛虎的样子尽管是客观真实的存在，但是如果永远不为人所知，猛虎戏耍的情境也就被永远地湮灭。情境是客观存在的，人的认识水平却因为以往的经验、知识水平、思维定式等多种原因产生认识的差异，因此情境与人的认识产生矛盾与冲突也是必然的。矛盾的产生原因即有心理成分、主观成分，也有方法论成分和客观成分。由情境发展到问题情境的认识过程，是一个心理转换过程；即由知觉到思维的转换过程，由自发的反映到自觉的认识过程。面对客观存在的情境，认识主体首先凭借自己的知识，经验和已掌握的方法对情境做出反应，进行初步的试探性探索，并通过反馈的信息，判断认识是否正确、归属是否合适、是否有效，有没有其他方法可以使用。从感觉到意识，再从某些异常情况到进一步分析、探索，直到有了结果可能有3种情况：其一是问题情境消失。其原因可能是客观的，情境自然的变化，也可能是认识主体的正确判断。其二是产生了确实存在的，有完整结构的问题。此时则需要深入的思维以寻求解决问题的方法和途径。其三则是做出了错误的判断。由此产生的"问题"可能是似是而非的问题（对客观情况的误断），也可能是主观因素产生的虚幻问题，而根本不是问题。应当说明的是，无论哪种错误的判断都是认识不够所致，应尽量避免发生。

5. 多维性

每一个问题都有3个维度：心理学维度、思维学维度和语言—逻辑维度。问题的发展过程历经从心理上感受到问题、从认知（思维过程）上澄清问题、从语言上表述问题3个程序。

心理学维度：从心理学角度，问题表现为一系列心理活动和主观感受（如疑惑、急迫、冲动、紧张等）。问题的心理起点是怀疑，主要心理表现是不一致感、不协调感和冲突感；这是一种心理预感。从审美心理上看，问题的出现意味着原有科学理论、观念或科学思维中包含着不美、不协调因素；消除这些因素或方面就成了有待探索的问题，也成为科学探索和创新的动机。问题对于个人表现为心理困惑或心理危机。重大的、基本问题不仅导致个人心理危机，还会引发群体、民族、阶级、社会乃至人类的心理危机和信仰危机，如全球金融危机问题。从心理过程看，从问题的产生到问题的解决表现为不协调—协调—新的不协调的发展过程，有时也表现为由低级的、局部的表象上的不协调，向高级的、整体的、和本质的不协调发展的过程。

思维学维度：问题的思维学方面主要表现为给定状态（初始状态）和目标状态之间的差距。从思维活动角度看，每一个明确陈述出来的问题，都是有相对独立结构的，就问题与自我的关系而言，结构特征始终具有决定性的作用。虽然不同类型的问题的细部结构，可能会有所差异，但所有的问题在结构上都有3个基本成分：给定条件、目标、障碍。给定条件是已经存在并提供的一组信息，或关于问题现有条件的陈述，即问题的初始状态；它是已知的、客观的、现实的。目标是关于构成问题（预期）结论的描述，即问题要求的答案，目标状态或功效要求。目标状态是一种未来状态，从心理上说是一种期望、理想，从认知角度，是认知主体所追求的目标；目标状态有宏观与微观之分，有确定与不确定之分，有可变与不可变之分，也有要求（必须达到）和期望之分（希望达到或争取达到）。障碍是影响达到目标的诸因素的总和。障碍的形成既有客观因素（如问题本身的复杂性、深奥性、技术手段的欠缺性和不适应性、信息不足等），也有主观方面的因素（如解题者对问题的认识水平、经验思维与解题能力不足等）。正确的解决方法通常都不是直接呈现或显而易见的，必须通过思维活动才能找到解决问题的办法，通过改造给定的初始状态，达到目标状态。克服障碍的过程是一个理解与解构的过程，也是思维运演与行为操作的过程，还是一个决策与选择的过程。

语言——逻辑维度：在逻辑学中，问题是指能够以疑问句来提问或表达的特定实体。逻辑学与语言有着不可分割的联系，没有语词和语句也就没有概念、判断和推理，从而也就不可能有人的思维活动。逻辑学注重问题与语言表达的关系，并力图对其作形式化的处理。关于语言—逻辑关系对问题的分类方式方法，国内外一些专家学者各有见地，我们不做深入的探讨。应当说明的是在实践思维与创造中的一些问题是比较直接地用分类方法表述的，如为什么问题、条件问题、思维与假设问题、析取问题等；更多出现的创造性含义的问题，则必须经过认真分析，科学抽象寻找出构成选题创造障碍的本质问题，作简捷、精确的表述，以使问题情境一目了然，更好地引导创造性思维过程。

三、问题的作用

问题是创造性思维的先导，在社会科学与自然科学的研究和发展中都有重要的作用。波普尔对问题在科学认识中的作用曾明确地指出："应当把科学设想为从问题到问题的不断进步——从问题到越来越深刻的问题。"美国商界也流行着一句话："最好的赚钱方式是找出一个问题并解决它。"这些都是问题在科学发展中作用的有力佐证。发明家保尔·麦克里德，更有一句至理名言："唯一愚蠢的问题是你不问问题。"可谓一矢中的，阐明问题是发明创造的关键。问题作用主要表现在以下几个方面。

1. 激发作用

问题之所以存在激发功能，在于它的刺激性和挑战性。问题，尤其是困难的、复杂的、新奇的、有趣的问题，既是对富有想象力的人的吸引，也是对人的精神意志、知识水平和技术方法能力的挑战和考验。问题未能解决，将对人形成一种压力，产生痛苦或失败的感觉，是对毅力的考验和锻炼；一旦问题得到解决，才产生一种征服感、控制感、喜悦感和成就感，使人感到生活的充实、责任和意义，也成为继续奋斗的动力。

问题的激发作用使它成为灵感的源泉。问题及其解决过程是某种意义上的激发信号，对人的思维物质不断刺激，迫使人不断深入的思考、感受、体验……问题也在不断深化，促使灵感进一步涌现，因而问题的激发感受不断产生，质量也在不断提高。问题激发了我们的动机和兴趣、情感和灵感，也激发了我们的感知和记忆，促使我们去观察与注意、去实验与搜索、去思考与想象、去交流与沟通、去发明与创造、去操作与控制、去合作与竞争、去协调与超越，使我们在问题的激发中不断提高个人的创新能力，同时也在塑造一个更优秀的自我。

2. 定向作用

问题从客观上指导或规定了认知和思维的大致方向和范围，也基本上给出了思维的形式、方法和视角。定向作用取决于问题的类型：对于单一、简单问题可以单视角地思考，而综合问题和复杂问题则必须进行多视角、全面透视分析决定取向。如果是外部问题可凭直觉和经验，进行逻辑分析或分解处理；而对内部问题，则应从输入、输出关系，系统结构相关性等处展开，凭借经验，逐步深入直至问题解决。显而易见，对于基础问题、理论问题、应用问题、中心问题、边缘问题……问题不同，思维形式与方法也各不相同。

3. 组织作用

问题是认识活动的源头、枢纽或组织中心。心理能量、心理资源都是按解决问题的需求，来进行分配的。以问题为核心，研究对象理论观点、经验事实、研究途径、技术方法等诸多因素被合理地组织起来，为解决问题协调发挥作用。现代科学研究一个明显的特点，就是以问题为中心搜集信息、组织资料，并建立问题结构及问题之间的联系。也可以说一个问题就是一个组织中心。问题引导人们思考并不断的克服心理、情感、思维、各种束缚和障碍，不断解决问题，向更高层次的问题挑战。相反，如果没有问题，思想就会陈旧、方法就会老化、真理就会泛化、思维也会迟钝，人类社会也会停滞。

4. 划界作用

问题的划界作用表现有多个方面，下面仅就常用的划界问题做简单介绍。

一方面，问题是不同学科的划界标准之一。探索问题是各个学科的共性。但不同的学科所探讨的问题并不完全相同，科学的独立至少要满足两个条件：第一，有足够多的人群共有一个独特的、有限的问题领域；第二，人们对大多数有关的方法论有基本一致的看法。提出并有效解决独特的问题是一门科学获得独立的标志。人们通常按问题领域和范围把科学分为形式科学（逻辑与数字）、自然科学、社会科学、人文科学等。依据问题划域特征，也就使人们在解决问题时比较容易找到优先的方法。

另一方面，问题是划分科学研究类型、水平层次的标准。在一门科学内部研究的问题不同、研究类型、研究水平和研究层次也有相应的区别，两者密切相关，如基础研究不同于应用研究，宏观研究不同于微观研究，理论研究不同于技术研究。问题决定了研究的方法，方法得当，效果也就会更好。同一事物可能成为多个学科的研究对象，但他们要解决的问题肯定会有所不同。以思维科学为例，创造性思维所要研究的问题，肯定有别于批判性思维所要研究的问题。又如汽车平顺性的研究，对于基础理论研究可能考虑不同受力状况下的模态分析等，而应用研究才同时要考虑到经济性、实用性、市场状况及路况等较多的问题。

第二节 问题的分类及主要特征

探讨问题分类是为了更好地理解问题、发现问题和解决问题。与问题的定义一样,问题分类,也有多种划分方法:如按问题结构分类、按问题根源分类、按问题属性分类、按问题特征分类、按时间分类等。为了加深对问题的理解,我们对问题做如下分类。

一、闭合性问题与开放性问题

1. 闭合性问题

如果一个问题只有唯一合理的答案或正确答案,该问题为闭合性问题。几位春游的旅伴在野外野炊却发现忘记带火柴和打火机等引火工具,他们携带的物品有蔬菜、米、炊具、餐具、铁铲、帐篷、餐刀、画具、放大镜等。存在的问题是用什么引火。答案是用放大镜作为聚光的透镜,引火问题是闭合性问题,也是日常生活中利用创造性思维解决问题的实例。对于闭合性问题,一般运用演绎思维和收敛性思维能比较有效解决问题。

2. 开放性问题

如果一个问题的合理答案等于或大于 2 个,该问题为开放性问题。开放性问题又可以分为两种:没有最优和最合理答案的问题,有最优和最合理答案的问题。一般的现实存在的问题大多数为开放性问题。对于开放性问题则需要运用发散性思维,尽可能地寻求并提出多种解决问题的方案,通过比较和优化,从中选择最优或次优方案,作为问题的答案。对于不同问题采用相应的思维方式也并非是绝对的,比如上例中用放大镜作透镜取火的解题方案就运用了开放性思维。

二、基本问题与非基本问题

1. 基本问题

基本问题是指某一个领域或学科中最普遍的现象,最基本的矛盾,最深刻的疑难一类的问题,如机械论中的"力学问题",宇宙学中的"宇宙起源问题"等都是基本问题。一门成熟的科学的重要标志之一就是形成一个以基本问题为核心的问题系列或问题链。基本问题相对于其他问题有明显的独立特征,具体表现如下。

首先,基本问题的产生。基本问题是学科中的基础和问题中心,对基本问题的结论不仅制约着对其他问题的解答,而且还会不断产生新思想、新结论、新方法、新问题，从而对本学科以及相邻学科的发展起着巨大的推动作用。

其次，基本问题的渗透性。有些基本问题表面上只与一个层面、一个领域相关，而实际上涉及其他层面和其他领域，产生系统的相关性，相互影响、相互制约。

再次，基本问题的扩展性。不仅从生产性和渗透性中明显反映出基本问题扩展性的特征（纵向和横向扩展），而且基本问题具有持久的乃至永恒的魅力，能够极大的刺激和满足人们的好奇心和创造欲，因而人类历史的发展不断回复和深化到基本问题上去，并不断以新的方式、新的角度，在新的条件和经验基础上，利用新的技术手段，予以新的解答。

最后，基本问题不容许有普遍认可的解决方式。普遍认可的解决，必须在大家都同意的前提或框架内才有可能；而客观上这种框架并不存在。因此基本问题虽然是最激动人心的问题，也是难有最终解决的问题。如哲学问题（老子与柏拉图提出的主要问题，至今仍然争论不休）、逻辑学基本问题和数学基本问题（如数学可靠性基础的问题，至今没有为各家所接受的解决方案）都是如此。即或在一个层次上解决了这个问题，还会在更深的层次上，以新的形式表现出来，然而这也是科学研究领域中为更多人瞩目的一个问题。基本问题的解答需要高度的创造精神、深刻的洞察力和高超的想象力，需要建立在经验共鸣基础上的直觉理解和跨域类比与核心类比，而逻辑思维工具在这里仅仅起着次要的作用。

2. 非基本问题

非基本问题是一个领域或学科中的低层次的问题或局部性的问题。它可能从基本问题派生或导出，也可能是运用归纳法从经验中提炼或概括出来的。非基本问题的解答要受基本问题的制约；同时，非基本问题的解决也会反作用基本问题，并促进基本问题的解决。解决非基本问题可以运用解决基本问题的方法，而且也可以使用演绎法、归纳法、域内类比法、系统方法等。

三、单域问题与跨域问题

1. 单域问题

单域问题是发生在一个领域内部，只涉及一个系统、一个学科的问题。单域问题也有简单和复杂之分，有些问题解题难度也比较大。如生物学的基因问题，物理的原子结构问题等。但总的说来他们都是单质的（而不是多质的综合体）。单域问题具有高度的纯粹性、明晰性、确定性和完整性。单域问题一般处在领域的主体范围之内，以建立普遍的规律为宗旨，多采用单纯的演绎方法。

2. 跨域问题

跨域问题是涉及多个（大于2）领域，多个系统、多门学科的问题。跨域问题一般都是复杂的综合性问题，具有整体性、交叉性和横断性。比如天然自然与人工自然的生态平衡问题、战争胜败问题、环境污染问题、经济发展问题等都是跨域问题。跨域性问题的解决需要熟练、灵活运用系统思维、辩证思维、次协调思维、信息方法等。解决这类问题，必须统筹兼顾全面考虑、相互协调、多方合作以达到整体的合理性与优化性。

四、社会问题与日常问题

1. 社会问题

解释社会问题，首先应了解社会的含义。社会是指由一定经济基础和上层建筑构成的整体，也泛指由于共同物质条件而互相联系起来的人群。社会作为人群聚居，物质条件分享的一个庞大体系、结构复杂、层次繁多，需要研究的问题也是复杂的。社会科学作为科学的一个重要的知识体系，以研究社会现象为宗旨，形成了政治学、经济学、社会学、法学、教育学、管理学等。现代意义的社会科学从多侧面、多视角，对人类社会进行分门别类的研究，力图通过对人类社会的结构、机制、变迁、动因等层面的深入研究，把握社会本质和发展规律，更好地建设和管理社会。

从古至今，社会不断地发展进步是不可逆转的客观规律。先进的科学技术，先进的生产力发展，潜移默化中转变的生活方式，必然促使生产关系、上层建筑（政治、法律、管理、规划……）发生转变并与新的形式适应，这其中矛盾是永恒不断的，解决矛盾是必然的。矛盾中存在的问题——社会问题，也就在不断地发生——解决——发生……形成一个螺旋式持续发展的永恒规律，也就成了社会问题不断出现——解决的前提和根源。具体表现的社会问题主要有生产力与生产关系问题、政治问题、国家政府职能与司政问题、环境问题、资源问题……

上层建筑适应经济与社会发展的同时，又承担着促进和预测未来的职责，从而又形成了促进社会发展与预测未来发展的社会问题。因此，社会问题是一类领域广阔、不断出现、与时俱存的研究和有待解决的问题。相对于其他问题，社会问题有其明显的独立特征，在解决中应当予以充分注意。

第一，社会问题研究与解决过程，以人为本是根本的前提条件。科学研究中主客体分明，具有较强的实证性。而社会科学的直接或间接研究对象具有主观自为性和个别性，其中充满复杂的随机因素的作用，不具备重复性；研究对象本身是由有意志、有目的、有学习和研究能力的人的活动构成的，涉及变量多、关系复杂、贯穿着人的主观因素和自觉目的，认识活动中的主客体界线（限）模糊。即使涉及自然也是用以再现社会关系与人类精神。因此，社会现象与社会问题具有人为性、异质性、不确定性、价值与事实的统一性、主客相关性等特点，形成社会问题的独有特色，在解决社会问题时必须考虑。

第二，从解决社会问题的角度，社会问题不同于自然科学的理性方法，较多地使用内省、想象、体验、直觉等非理性方法。尽管自然科学与社会科学研究方法可以相互补充，但是，它们在探究和解释世界的方式上存在着根本区别，思维能力与概念的使用也各不相同，并用不同的语言形式进行表达。社会世界的主体性、个别性、独特性、丰富性特征，要求认识主体具备把握社会世界的主观感悟能力，而这种能力的形成与个体生活经历与体验密切相关。社会问题的认识能力与认识活动因而带有明显的个体性与差异性特征，突现出独特性、意外性、复杂性和创造性。

第三，研究和解决社会问题的手段，通常采用调查（抽样调查、访谈调研）、试验、试点等方式，也总是随时间、地点、样本、具体现象、群体构成状况而改变，很难做到研究对象的简化和纯化，也不能使研究对象的属性重现。数学方法只是在少数范围（经济学、社会学等）有所应用，因而增加许多偶然性和不确定性，必须审慎对待。

第四，从研究和解决社会问题的目的角度看，社会科学主要是在价值论框架下展开的，目的在于研究认识社会本质和发展规律，指导和改造社会的实践活动,排除阻碍社会发展的障碍,促进社会协调发展,提升社会生活质量和丰富人类精神世界,兼具工具理性与价值理性。研究和解决社会问题,应有助于营造一个促进经济与社会发展的和谐环境,更应注意探讨与人类生存、发展、幸福有关的价值与意义。

第五,真理性与价值性的统一是社会科学的基本特征,剖析真理性与价值性及其相互关系,是认识社会科学和解决实践问题的思想与理论基础。社会现象是事实与价值的对立统一研究,解决社会问题是科学认识活动与自觉价值评价活动的内在统一。作为一种认知活动,应体现出深究社会本来面目、追求真理的特征,符合社会科学的客观性与规律性。然而在社会科学研究活动中,认识者往往既是认知主体,又是被认知的客体。作为主体能认识客体和自己;作为客体他是人生意义的产生者、社会活动的参与者、自我认识的历史存在。社会问题多表现为真理性、价值性与艺术性的统一,属于社会意识形态,往往程度不同地留有不同阶层、不同民族或既得利益者的烙印,难以毫无差别、公正地为国家为人民服务,这是研究和解决社会问题的大忌,必须予以充分注意。

第六,社会问题,从属性上看往往具有隐含描述功能、解释与批判功能、预见功能、政治功能、管理功能、决策功能、咨询功能,影响广泛。因而,在解决问题时应慎重而符合客观真理标准,避免政治化、片面意识形态化、急功近利、墨守成规、简单化、泛化或利己主义。

2. 日常问题

日常问题包括我们平常碰到的一般工作问题,学习问题、生活问题、家庭问题、婚姻问题、人际关系问题、求职问题,以及人生意义、价值和理想问题等。日常生活看似平凡,但是,对于个人也都是一种挑战。日常问题和社会问题都是由人、人活动的产物构成的,是人类社会生活内在的统一。在研究方法、手段、目的属性特征方面大同小异,只是在问题领域中表现为群体的关系。在研究与处理日常问题中,大多数情况下认知主体和客体的高度融合,呈现一体化趋势。因此,自主自为的思想与利益关系就显得更为突出。日常生活问题多以实用性、功利性、简单性、经济性、安全性为评价标准,由于存在着人为性、异质性、不确定性、价值与事实的统一性、主客相关性等诸多特点,因而也很难得到确定的、统一的、普遍认同的答案。解决日常问题也是在价值论框架下展开的，利己主义常常处于有利地位，因此就更需要剖析真理性与价值性的相互关系，以道德标准约束自我、公平、公正地处理日常问题。处理好日常问题也是对处理好其他问题的经验积累和处理能力锻炼。

最后应当说明的是：科学问题、社会问题乃至日常问题，在特征研究方法、手段等方面都存在着交叉关系，可以借鉴、移植，有些日常问题也可以提升为自然科学问题与社会科学问题。

五、常规问题与反常问题

科学背景知识体系本身是有层次结构的，但是，并非任何一个层次结构的任何一个问题都有相同的地位。一部分问题作为基本原理，处于整个知识体系的核心；一部分问题为辅助假说处于知识体系的外围；还有一部分问题作为前两者的推论处于知识体系的表面。由于涉及不同层次命题的科学问题在性质上不完全相同，因而，有时也针对科学研究的具体情况将科学问题分为两类：即常规问题和反常问题。

1. 常规问题

常规问题是指可以在维持已有基本理论的框架内，在已有的范式、模式的前提下有待解决的疑难，并得以有效解决的问题。其特点在于通过调动已有的知识，包括基本原理及其应用方式以及仪器设备的操作方法来进行解决局部问题的尝试。常规问题的解决不与背景知识相冲突，只需要对已有知识体系的局部调整就能将原来的疑难化解。通过问题的解决将会使原有的理论更加精确、充实、完善和体系化。科学知识体系调整时所涉及对理论的系统化表述问题，以及科学研究纲领遇到反例时要求在研究纲领的范围内来消化。反例所遇到的问题也都属于常规问题。例如，天文学中海王星摄动问题，就是在牛顿力学理论范围内能够有效解决的问题。

2. 反常问题

反常问题是在已有背景知识的理论框架内或在已有的范式、模式下，无法有效解决的问题。对反常问题，不可能在它出现时就将它的"反常性"辨认出来，只有通过所有解决问题的常规方式进行尝试都失败后,反常的特点才被暴露出来。反常问题与问题的区别是相对于背景知识而言的。对于一个问题是常规问题还是反常规问题的判断是很困难的,正如美国哲学家苏丹所说:"有时一个问题只有当它被另外的理论解决了的时候,它可能看成是对于这一理论的反常。"因此,在一些问题成为疑难时解决问题的关键途径是否定原来的背景知识,也就是说对于反常问题自下而上地解决。解决往往是要拒斥已有知识体系中的基本原理;因此,常规的思维方法往往无济于事,而需要独辟蹊径、跨域类比,运用反常思维、横向思维、发散思维、反向思维,以打破僵局的方法。

六、良结构问题与不良结构问题

1. 良结构问题

良结构问题又称结构合理或结构完整的问题。这类问题都有明确的目标任务和范围,而且算子的运演也是合理的。通常的几何问题是良结构问题,认知心理学和数学领域经常提到的"书生和野人过河问题""河内塔问题"等也是良结构问题。由于良结构的已知初始情境、目标情境都是确定的,初始问题情境包括了达到目标所需要的所有成分,而且用来改变情境的操作也被规定,因此它原则上可根据已有的经验,运用比较确定的规律来解决。解决这类问题一般可借助类比思维寻找线索,选择解题方法、途径和切入点的帮助,但解题过程主要还是一个演绎思维过程。

2. 不良结构问题

不良结构问题,又称之为结构不合理的问题,即是指意义、目标或算子不明确的问题。不良结构问题最显著的特征是目标不确定和问题的已知条件不全。这种不良结构问题的性质特点,也就决定了在解决这类问题时,最终目标是有变化的;而且在解题过程中,算子也会随着目标的改变以及解题进展的变化而改变。

以创业规划为例,创业者要制定一份切实可行的创业计划,因为市场分析、产品选择、环境影响、原材料与资金来源、政策法规制约条件等因素都是多原因多结果的关系,而且这些因素又是影响创业计划的重要因素,因而,创业者事先都无法提出明确的要求。这就意味着解决"计划制定"问题,首先按良结构的解题程序———一般计划制定程序,根据调查掌握的信息,优化组合形成初步计划(可能是多个方案),然后由创业者、专家进行深入讨论,并对产品、技术等具体细节进一步明确,最后形成决策意见,完成最终执行(而且在执行中还要不断修正)。因为计划(最终目标)是从计划空间到细节空间逐步得到满意而形成的,因而与良结构解决问题的过程是不同的。应当说明的是这种解题过程并不是说开始的目标是抽象的,最后的目标是具体的,而是说表明开始的目标与最终的目标,可能存在较大的差别。同样,在制定计划中,相关的计划要素也会随着完成计划的进程而有相应的改变,如图4-1所示。

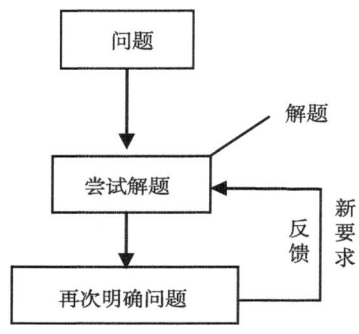

图4-1 计划要素改变的过程

从上述两种问题的互相关系来看,不良结构问题在某一局部、某一环节以至某一阶段,其问题解决过程的结构可能是合理的。因此,不良结构问题中,包含、渗透着良结构问题。也可以说对不良结构问题,可以采用分解的形式,形成若干个良结构或近似良结构问题,以良结构问题的解决方式加以解决,以尽可能降低不良结构问题的解决难度。这一点在系统思维方式阐述中将进一步予以说明。

七、经验问题、概念问题、佯谬和悖论

1. 经验问题

经验问题是通过对问题的结构和关系的观察并运用经验规律回答或解决的问题。经验的一个重要来源是经验的直接概括,并表现出一种定律的形式,也有些

经验规律是由理论规律派生出来的，并在一定意义上成为检验理论规律的一种手段。

经验规律与理论规律的重要区别在于观察性与不可观察性，也可以说经验规律就是关于可观察现象的规律。判断经验问题的一个重要条件就是问题情境的可观察性或者称之为实际的可确证性。随着科学的发展，"可观察"的内容和方式也发生了很大的变化。在解决经验问题过程中一般沿用以下程序。

首先，用通常习惯的方式，直接用感官觉察事物的状态和实际测量，并在科学观察中加入一些数学方法和仪器设备作为观察的辅助手段，以更好地觉察事物的状态。

其次，对于问题的可观察性，有些是通过实验所间接得到的；因此作为观察的前提是依据问题的特征，进行实验设计参与观察，使观察更切合客观实际。

最后，应当注意的是可观察现象与不可观察现象之间的界限是模糊的。我们知道，问题对象的观察依赖感性知觉、实际测量，有时也依赖实验与各种客体要素、事件和过程的相互作用来确定的。在观察过程中数学工具的应用，各种实验仪器及数据和标准的使用，就会带来可观察与不可观察的界限模糊性。比如电子显微镜相比较普通显微镜，观察某种东西还是感官直觉的感知吗？衍射实验在氧化屏上显现的闪烁点或波形还算不算可观察的东西？对此物理学家是在非常广泛的意义上认识到可观察的东西？因此可以认为可观察与不可观察是从属于一个不断变化的历程中，它开始于直接观察并深入到复杂的、间接的观察方法。在解决经验问题时应充分注意可观察的范围与界限。经验问题常用直觉思维、形象思维和抽象思维等思维方式。

2. 概念问题

概念问题涉及科学讨论争论中的疑难或科学理论结构与该领域的方法论前提的不协调等问题。概念问题可分为内部概念问题和外部概念问题。内部概念问题是指理论内部逻辑不一致或基本范畴含糊不清而形成的。外部概念问题是指由同一领域或不同领域的两个理论之间的矛盾，一个科学理论与有关科学共同体的方法论之间的冲突，以及一个理论同当时流行的世界观之间的冲突而造成的。

一般来说概念问题比经验问题更重要。因为科学理论的发展常起因于概念的非难，科学史上一些重大争论都起源于概念上的不一致或矛盾。反常问题大多数也是概念问题，反常问题的解决往往也是要拒斥已有知识体系中的基本原理，并以新的解释性理论取代原有的解释性理论。例如，当时不知名的法国物理学家德布罗意经过对以往理论的研究，于1924年发表一篇阐述有关物质波的文章，提出一个令人难以理解问题。他认为在一个多世纪的研究中，在光学上，比起波动的研究方法，人们是否过于忽视了粒子性的方面，而在研究物质，粒子的理论上，是否发生了相似的情形，人们把粒子的图像想得太多，而过分忽视了波的图像呢？当时科学界普遍认为所有可能存在的波动都已被发现，德布罗意所谓的物质波既非机械波（声波等）又非电子波（光波、无线电波等），那会是什么呢？任何物体的运动都会产生物质波，为什么我们看不见呢？大家公开表示怀疑，同时也使德布罗意的想法遭到很多物理学家的冷遇。德布罗意的问题之所以会受到冷遇，就是因为它公然违背了当时的背景知识基本原理。历来主张物质粒子就是粒子性的，哪里会和波动发生关系？德布罗意却要改变人们的传统认识，结果引起科学上的一次革命的转变。

3. 佯谬和悖论

概念问题往往隐藏在科学理论的深处，科学家常常通过佯谬和悖论来揭示概念问题的矛盾。

佯谬和悖论均译自Paradox。佯谬有似非而是的含义，如果从一个理论中能推出它不能成立的结论，就构成一个佯谬。佯谬或者表现理论本身有缺陷，或者表明理论中蕴涵着未被人察觉的深刻内容。在经验科学中，著名的佯谬有麦克斯韦妖佯谬、薛定谔猫佯谬、量子佯谬、光电效应佯谬、引力佯谬、光速佯谬、光度佯谬等。佯谬问题，并非一定表明理论的缺陷，但却能揭示出其更丰富的内涵，对科学认识起到推动作用。光度佯谬即所谓奥尔勃斯佯谬的例子可以清楚地说明，正是为了消除这一佯谬才推动了天文学家们相继提出等级式结构模型、大爆炸宇宙模型等新的理论。

悖论，在古代西方主要是指与常识相违背的命题或推理。在现代逻辑中悖论通常是由肯定其真可以推出其假，而由肯定其假可以推出其真的一类命题；也就是说悖论是从某些公认为正确的背景知识中逻辑地推导出来两个相互矛盾的等价式，或者说从明显的可接受的前提通过明显可接受的推理得到一个明显不可接受的结论。著名的悖论有芝诺运动悖论、罗素的集合悖论、欧布利德的自我指称悖论、纽克姆抉择悖论等。

一个领域中的悖论，往往触及该领域的根基。在经验科学中，把悖论视为一种带有根本性的反常问题。波普尔称经验科学的悖论为"经验之谜"并认为："一个哲学家所能做的事情之一，也是可以列入他的最高成就的事情之一，就是看出前人未曾看出的一个谜，一个问题，或一个悖论。"

悖论它不同于一般现实矛盾和现实问题。普通逻辑矛盾是由于逻辑错误或思想混乱所致，而悖论的思维过程是有问题的，它是从某些共识中、合乎逻辑地推导出来的。比如说谎者悖论可以表述为："这句话本身是谎话。"现在问上面这句话是真的，还是假的呢？如果它是真的，即表明"这句话本身是谎话"是真的，它就是谎话，那么它就是假的。反之，如果这句话是假的，即"这句话本身是谎话"是假的，它就不是谎话，那么它就是真的。

一般悖论可划分为3层4种：最普通的为具体理论悖论，它包括系统思维悖论和物理学中被人们称之为佯谬的悖论。较高层次的悖论为集合论型悖论（如罗素的集合论悖论），以及语义悖论（如说谎者悖论），最高层次为哲学悖论（如康德的二律背反悖论）。

悖论由共识、逻辑推理和矛盾等价式三要素构成。悖论也是一种矛盾、一种问题，当然也是有待解决的。由于悖论的特殊性，其解决途径和方法也有其特殊性。依据上述悖论的构成要素，人们需要从以下情况中做出选择：第一，结论并非真的不可接受；第二，出发点或推理有不明显的缺陷。

解决悖论的主要途径有两种：第一种途径，认定结论（矛盾等价式）是荒谬的，把矛头指向共识和逻辑推导，从两方面解决问题，可以从共识或逻辑推导中任选其一找原因，也可以双管齐下两线寻求解题方法。有些人主张通过改变某些共识或修改某些前提来消除矛盾，也有人主张整个地抛弃共识。对于逻辑，有人主张部分地抛弃逻辑限制或者建立新的逻辑来消除悖论。从理论上讲抛弃逻辑也不失为一种消除悖论的方式，但实际上却是行不通的。第二种途径，承认或接受结论（矛盾等价式），认为它是一种特殊的真理，并不荒谬。这一途径导致宣布矛盾律并非普遍有效。也有人认为可以容忍悖论存在，但要限制它、囚禁它。悖论问题的深入讨论，有多种观点，也涉及许多逻辑知识和技术，本书不做进一步讨论。

第三节 发现问题的途径与方法问题

问题是发明创造的起点和本源，也是一种有深刻意义的认识和思维活动。问题是现实社会需求的反映，也是阻碍进步与发展的障碍。解决问题是人类的需求，也是展示人生本色的标志。就问题本身而言，有如智慧的迷宫、知识的宝藏；解决问题可以增加个人的知识积累和精神财富。发现问题是人们一切实践活动的积累，也是一种复杂的认识活动和思维活动。对每个人来说发现问题经历了一个由自发到自觉的转变过程，发现问题不仅需要有怀疑精神、创新精神和批判精神，也需要坚强的毅力、进取心和社会责任感；发现问题不仅要有丰富的实践经验和坚实的理论基础，也要有丰富的想象力、敏锐的洞察力、精细的分析力和顽强的探索力；发现问题不仅需要社会的推动，而且需要动机的激发；发现问题不仅需要了解发现问题的途径，而且需要掌握发现问题的方法。发现问题虽然没有固定的程序和算法，但也并非是完全随机的、纯粹偶然的活动。

一、发现问题的途径

1. 通过已有理论（包括成功的理论）进行批判性考察以发现其内部存在的问题

这一途径发现的问题可能有：一方面，理论内部的逻辑矛盾。如伽利略在亚里士多德的落体定律发现了逻辑矛盾，一些悖论和佯谬的发现，同样也起到了重要的推动作用。另一方面，这类问题的发现，不仅需要严密的逻辑推理，而且要对整个系统进行全面深入的剖析。理论内部结构的不对称性或结构上的不严谨，这类问题的发现可以导致对理论的修正和完善，其发现过程既要逻辑分析也要严谨地判断。

2. 对两个或两个以上的理论进行比较发现存在于它们之间的问题

这些理论之间是否矛盾？是否一致？是否归并？能否还原？能否融合？能否统一？这种途径可从 3 个方面加以考虑：首先，同一领域、同一系列，相继出现的理论关系问题。如开普勒的定律与牛顿力学关系问题，就有后者说明前者，前者为后者归并的问题。其次，同一领域，两个不同系列理论之间的关系问题。如相对论与量子力学的关系。量子力学中的矩阵力学与波动力学都属于同一学科相互竞争的理论。二者之间的矛盾，提出了量子力学形式体系的实质性解释的背景问题及两个理论系统的比较、评价问题。相对论与量子力学的关系引发了将两者结合起来的研究。最后，不同领域两个理论之间的关系问题。如微观粒子的量子理论与遗传基因的研究理论，使生物学与物理学找到了统一的基础——微观粒子的运动规律。生物技术主要是建立在对生命物质分子层次认识的基础上，DNA 现代生物技术是在确立了遗传物质 DNA 双螺旋结构基础上发展起来的。

3. 从理论与事实之间的关系中发现问题

理论与事实之间存在着理论解释事实和事实验证理论两种关系。理论不能有效、合理地解释事实，可能产生 3 种情况：首先，理论有问题；其次，观察事实有问题；最后，以上两者均有问题。

当确定观察（直接或实验观察）事实无误，则必须修正理论、补充理论或研究新理论取而代之。经反复验证，理论没有问题，则必然会出现事实描述有问题、实验设计有问题、观察理论有问题、观察技术有问题几种情况，据此应建立新的观察理论或观察技术。如奥斯特观察磁针偏转现象，经验证明现象确凿无误，从而导致电磁关系新理论观点的提出。

4. 在理论的应用中发现问题

科学理论研究与形成，其根本目的就在于认识自然规律，并用以利用自然、改造自然，促进社会的发展和生活水平的提高。

理论的应用由基础生产到高端科学研究具有很多类型和层次：有数学、逻辑、方法论在各门经验科学中的应用；有自然科学在技术领域中的应用；有科学技术在生产领域中的应用；有自然科学与社会科学、人文科学的相互应用等。一般来说，理论的应用，在基本概念的展开过程中，原来隐而不现的狭隘、不精确性、不合理性和不恰当等方面的缺陷错误等会逐渐显露出来,为理论提出了新的发展方向。另外,实践会提出有待理论探讨的新问题,激发新的理论思考。在技术史上,我们会看到一种重大技术的诞生,往往产生许多相应的科学问题、技术问题、哲学问题、社会问题乃至道德问题,前面讲述的科学技术发展史相关内容就是有力的证明。

5. 在产品开发中发现问题

这里所说的产品是广义的产品定义,包括物质产品和社会科学领域的产品和人文科学领域的产品等。上面已阐述的在理论应用中发现问题,所涉及的是理论本身的问题。在产品开发中,还存在着许多理论与实践,内在与外在的联系问题和扩展问题。具体表现为以下几类技术性问题:首先,实验环境与条件向实践(生产、应用)环境条件转化问题。一般理论是通过实验观察、验证形成的,环境条件是严格设定的,理论应用于实践首先要面对的是生产、应用环境和条件,两者的差异(不完备、不精确、现场外来因素的干扰)便形成了多种问题。其次,理论概念表现为概括性、确定性,而在实际开发中却显示出同一理论的多向性应用。比如金属冶炼理论,用于冶炼、铸造,在实际生产中又可以变化多种冶炼工艺,在这些实践技术应用中,也将发现多种问题。再次,理论研究中的测量观察手段,无论从方法上、精度上、仪器装备上与实际开发应用会有明显的不同,也都会成为工艺流程中的实际技术问题。最后,产品开发中应用同一理论所需转化设备、装备等也是多种多样的。为了达到生产优化的目的,设备、工艺装备的设计,结构、原理也存在着多样性。这些都有实际的创新问题。

6. 从创新中发现问题

无论企业、事业乃至政府机关都同样面对着市场竞争的问题,只有永恒的发展才是在竞争中立于不败之地的根本和唯一正确的抉择。发展一个重要的策略是创新,我们借助经济领域的创新概念来阐述发现问题的途径。

第一,从产品创新中发现问题。这里的产品,我们扩大表述为一切实体组织,对外界服务的主导实务(包括机关团体的法规、章程的制定)。一切产品都是根据市场、社会的需求和形势而确定的,需求与形势与自身的条件总是存在着各种矛盾,解决这些矛盾,做出具体规划需要大量的调查、分析、决策,而新产品开发中每一项活动都面临着各种问题。

第二,技术创新。当产品确定,生产实施、技术措施便成了关键。工艺流程计划制定,关键技术创造,设备的选择,不仅要求先进、实用,更需要优选。每一个环节都可能是问题。

第三,材料(包括社会科学领域主导实务中所需材料)创新的主要问题是材料自身品质及与需求匹配的优化问题。

第四,管理创新问题,包含管理计划、组织、系统化及其实效问题。

第五,设备创新问题,包含设备的功能、结构、效率、性能的创新问题。

7. 从经验中概括出新问题

在科学的理论建构中,最关键的问题是经验规律与理论规律的过渡,善于区别这两类规律,又要把握它们的内在联系,发现并解决问题就是架筑两种规律之间桥梁,其转化过程可以表现为:经验规律⟷问题⟷理论规律。

两种规律的分界在于规律的可观察性与不可观察性。经验来源于观察(包含必要的测量)和积累、比较概括和验证,通过观察(测量)反复地比较、概括,形成一种有效认识,这种认识,在不断的观察中接受检验和进一步概括,并可以用来无误地解释观察到的现象,表现出一种定律形式,便成为经验规律。初始观察、直觉的疑问,就是问题之所在。理论规律,演绎可观察经验规律(开放性)是通过对应规则来实现的,所谓对应规则其实质就是把理论规律不可观察词语转换成经验规律、可观察词语。对应词语转化过程是有其内在联系规则的,因此转化过程也是问题之所在(如果不实现转化理论规律,也就成为无人问津的假说)。如万有引力、质量概念等,都是不可观察的概念。采用对应规则,把天上物体的运动与苹果落到地上这样毫无联系的事情一起思考,用万有引力定律成功地解释了苹果落地和行星运动规律。事实说明寻求对应事实问题,也是创造活动中的重要问题。同样,研究气体分子的动能、分子运动等理论规律,分子是不可观察的,而用"气体的温度与它们的分子的平均动能成正比"规则把不可观察的分子动能与可测量的温度联系起来,使理论规律演绎出一个可观察的经验规律,也是解决"对应问题"的问题。相反,对经验规律抽象出共有的不可知因素,作为一种假说,陈述出来也是一种待研究的问题,一旦经过检验论证便可以形成理论规律。

8. 从日常生活中发现问题

有很多引发创造（科学创造、自然、社会、人文、科学、技术创新乃至艺术创意等）的问题是从日常生活中提炼出来的，这样的例证在科学发展历史中比比皆是。阿基米德在洗澡时发现了浮力定律；牛顿受落地苹果的启发，成就了万有引力定律；由于硝化甘油渗漏到沙子上这一平常事件，成就了诺贝尔发明达纳炸药的创举；也仅仅是培养皿中一次意外的污染，引导了弗来明的好奇和追迹思考发明了青霉素针剂，挽救了数不胜数的重危病人。事实证明生活中可以创造的问题随处可见，要使这些问题明朗化，却需要认真地观察和思考，否则大好的机遇也会白白溜掉。日本科学家早于弗来明发现青霉素现象，却因为没有认真思考而与一项划时代的发现失之交臂。在日常生活中发现问题，首先取决于认真观察、发现奇异现象，然后循迹思考、寻找现象特征及情境，最后通过抽象概括、明确问题属性。

9. 从社会需求中发现问题

无论是组织、团体还是个人，人们的需求总是随着社会的发展、科学技术水平的进步而不断地增长、扩展和更新。这也是有历史以来永恒的创造课题，而且对品质、款式、功能、舒适度、耐用度乃至外观美感都提出更高的要求，需求范围也在不断地扩大，包括物质产品、精神产品、生活环境、安全保证、信息传播乃至社会规范……都为创造性问题提供了广阔的选择和施展的空间。

10. 通过移植或综合寻求问题

随着横断科学、系统科学（也属横断科学类）技术结构群落与产业群落的兴起，不同科学门类，以及科学与技术的融合成为21世纪科学技术革命发展趋势。具体表现如下。

第一，微观领域与宏观复杂领域的相互作用，微观领域的成果，将成为科学技术各部门的基础，并为科学技术发展开辟了道路。如物质结构的研究可能为新能源及其实现方式做出自己的贡献。

第二，宏观科学复杂系统领域的形成，系统间、学科间的广泛的相互联系。

第三，科学与技术的融合及科学与技术领域的交叉利用。

第四,科学技术建制(科学技术活动的社会组织形式及体制)逐渐向科技经济一体化的发展。

第五,生产技术方式从工业化向知识化转变。

第六,自然科学与人文社会科学的融合(规律性、规范性一致,理论观点相融,功能互补等)。移植综合包括横向、纵向和交叉综合移植等。

如从自然科学角度提出的空间问题、能源问题、生态问题、海洋问题,可以转化为社会科学问题;人口控制问题、城市规划问题,也可转成为自然科学问题来研究。各种移植综合的实例更是不胜枚举。如最常见的汽车产品研究,就小学科范围涉及力学(机械力学、空气动力学等)、电学、电子学等,扩展为自然科学领域则涉及物理学、化学、生物学(人体结构、机能等),进一步拓展又涉及社会领域中的社会学、心理学、城市规划等,每一个交叉点都存在着可供研究的创造性问题。从产品或功能创新角度,生物医学中的人造器官(血管、机械起波器等)、多功能手机中的影像技术(光学)和传输技术都是移植问题的充分体现。

11. 从已知问题出发发现问题

任何问题都是系统中的一个分支(子系统)或节点,因而必然与系统的特征与功能产生纵横与层次上的相关性,形成内在联系,同时问题所在空间的环境因素也会与问题之间产生外在联系。这些都是以已知问题为源头寻找发现问题的线索,进而产生新的问题。基本问题不仅可以演绎出、衍生出本问题域中的低层次问题,也有可能涉及高层次问题,还可能产生交叉科学问题、横断科学问题和边缘科学问题。

波普尔说:"对一个问题的每一种解决都引出新的未解决的问题;原始的问题越是深刻,它的解决越是大胆,就越是这样。"从一个基本问题推演可以产生一系列问题。工程设计、产品创新等技术性问题同样遵从这一准则。其基本来源是:第一,对公认的合理性原则,提出挑战。第二,来自悖论的激发。第三,基本问题的理论、依据及相关条件的求索。第四,实现基本问题的"子系"问题的理论依据、实现的可能性及解决方式方法。第五,基本问题的扩展与相关的同类问题等。

12. 通过怀疑、挑战而提出问题

19世纪流行着一种"以太"学说，它是随着光的波动理论发展起来的。由于对光的本性知之甚少，人们套用机械波的概念，想象必然有一种能够传播光波的弹性物质，它的名字叫"以太"。当时认为光的传播介质是"以太"。由此产生了一个新的问题：地球以每秒30千米的速度绕太阳运动，就必须会遇到每秒30千米的"以太风"迎面吹来，同时，它也必须对光的传播产生影响。这个问题的产生，引起人们去探讨"以太风"存在与否。如果存在"以太"，则当地球穿过以太绕太阳公转时，在地球通过"以太"运动的方向测量的光速（当我们对光源运动时）应该大于在与运动垂直方向测量的光速（当我们不对光源运动时）。许多物理学家们相信"以太"的存在，把这种无处不在的"以太"看作绝对惯性系，用实验去验证"以太"的存在就成为许多科学家追求的目标。1905年，爱因斯坦在抛弃"以太"、以光速不变原理和狭义相对性为基本假设的基础上建立了狭义相对论。狭义相对论认为空间和时间并不相互独立，而是一个统一的四维时空整体。在狭义相对论中，整个时空仍然是平直的、各向同性的和各点同性的。可以说爱因斯坦提出相对论的关键，就是敢于对公认的原则、规范提出怀疑、挑战，认为"以太"不存在。

13. 通过信息资源感悟问题

现代社会信息传播方式广泛而快捷，书籍、杂志、通信、会议、新闻媒体、网络等都有相关问题的信息，供人们去求索。

通观上述13种问题的来源，大致划分为3类，第一类是他人明确提出的问题（上级提出的、社会实体征询的、待解的、普遍公认尚未解决的问题）；第二类是工作中面临的实际问题；第三类则是个人感悟的问题。

社会发展与现实总是有矛盾的，矛盾中也就蕴含着数不完的各种问题。而发现问题至关重要的是人的主动性和深入的领悟与求索。没有悟性或有悟性的人不主动去领悟，人的眼里、脑子里也就永远不会有问题。问题使人上进，人生更加充实，问题使人更加睿智，能力也在不断地提高。没有问题的人是最平庸的人。正如发明家保尔·麦克里德所说："唯一愚蠢的问题是你不问问题。"

二、发现问题的方法

发现问题、尤其是发现复杂而深奥的问题，没有标准方法，但有一些启发性、协助性的发现方法。了解这些方法，利用问题之间的隶属关系、同一关系、交叉关系、生成关系、相似关系、对立关系等有助于发现问题。比较典型的方法有如下几种。

1. 直觉认识法

从直觉中发现问题，作为一种方法提出似乎有些牵强，但是在实践活动中确实有这样的机遇，而且不容忽视。

1892年9月，瑞利在英国《自然》杂志上发表的一篇短文中写道：

> 我用两种方法制得的氮气密度不一样。虽然这两个密度只相差千分之五，但是仍然超出了实验的误差范围。对此，我颇有怀疑。希望读者提供宝贵意见。
>
> 第一种方法：让空气通过烧得红热的装满铜屑的试管，氧与铜化合，剩下了氮。这种氮的密度为1.2572克/升，称为氮Ⅰ。
>
> 第二种方法：让氧、氮混合通过催化剂，生成水和氮气。这种氮的密度为1.2508克/升，称为氮Ⅱ。
>
> 二者密度相差0.0064克/升。

请读者注意，这是在"空气中只有氧和氮"的观念下，提出来的矛盾！

面对这种矛盾，化学家拉姆赛推测说，氮Ⅰ比氮Ⅱ重的原因，是氮Ⅰ中含有某些比重较大的气体。氮Ⅰ是从空气中制取的，所以，空气中除了氧和氮之外，还有未知的气体。

为了证实这种推测，拉姆赛让氮Ⅰ通过赤热的镁屑，氮与镁生成氮化镁，氮耗尽后，剩下一种气体。它的体积是氮Ⅰ的1/80，密度是氢的20倍。

后来根据光谱和其他实验得知，它是由氢、氖、氪等许多气体组成的混合气体。这就是大气中除氧和氮以外的气体的发现过程。化学家拉姆赛，正是根据瑞利提出的问题，经过实验最终取得的新发现。

从事细菌学研究的英国科学家弗莱明在1928年某天上班时，忽然发现在葡萄球菌的培养器皿中，有一小块如土碴一般的尘埃物，培养液受到破坏。通常的处理方法是，清除污染，重新培养。弗莱明则不然。他并不轻易放过这个现象，认真地加以观察，进而发现"土碴"周围的球菌不仅没有生长，而且变成一滴滴露水的样子，于是他反复思考这"土碴"为什么对球菌有特殊的抑制作用？"土碴"里面究竟含有什么东西？最后他终于从中分离出一种能抑制球菌生长的抗生素——青霉素。后来根据这项发现，人们研制成一种新药——青霉素针剂，用于医学临床，对于球菌感染引起的疾病有特殊疗效。有人估计，青霉素的发现使全人类的平均寿命延长了 10 岁。要是有人对现在世界上三大疾病——心脏病、高血压和癌症发明某种特效药，人类平均寿命也不过延长 10 年。

两个例子说明，直觉中的疑问，可能就是问题之所在，忽略这些问题，也可能造成终生的遗憾。比如日本科学家古在由直，早在弗莱明之前发现这种现象，却轻易地弃之一旁，失去了大好的机会。

从直觉中直接发现问题（特别是一些日常工作中的问题）的概率还是很高的。有些虽然不能直接成为问题，但却是发现问题的重要线索，经过分析找出问题之所在也是发现问题的一种较好的方法。从直觉中发现问题的基础是有丰富的知识与经验的积累，随时保持问题意识和运用跟踪追迹的方法，最终确定问题。

2. 经验归纳法

经验归纳法在发现事实问题、经验问题、描述性问题是什么问题，以及理论与事实的关系方面有重要作用。我们既可以通过经验现象进行观察、实验、比较、分析抽象、概括，逐渐地发现问题，也可以运用典型归纳法洞察问题的内在联系，发现问题的机理与矛盾所在，既可以运用同步求异法来寻找差异和区别，乃至对立与冲突，也可以运用求同法来寻找相似与统一。

3. 原理演绎法

原理演绎法在发现常规问题与理论内部的矛盾问题、理论系统之间的矛盾问题以及理论与事实之间的不一致问题等方面，起着重要作用。从基本问题到应用问题，从理论的发明建构到检验，从检验到调整、修正、发展这些过程，都离不开演绎法。

4. 类比移植法

类比移植法，就是根据已形成规律、理论、事实的一些事物或已解决的问题，发现相似、相近事物或现象中存在的可供研究的问题。通过类比移植法可以发现常规问题、域内或域外问题、应用问题与理论问题；也可以发现结构问题、边缘问题乃至中心问题和核心问题。比如人与计算机的类比领域，通过类比可以提出一系列可供研究的问题。如怎样使计算机像人一样思维？计算机能否模拟人的心理过程？计算机能否实现情感互动？

5. 反向提问法

反向提问法是针对原来的问题运用反向思维提出相反的问题。比如风扇对空气的作用问题，其反向问题则是空气对风扇的阻力问题，这恰好涉及汽车为减少风阻的造型问题。

6. 假设构想法

假设构想法是在虚拟条件下，构想在理想状态下或在可能世界中会出现什么情况，会发生什么问题。

7. 相关提问法

相关提问法是指从已有的问题或理论观点出发，根据问题的结构关系或理论的逻辑关系以及问题和发展过程提出其他问题。例如，根据模糊理论提出模糊数学问题、模糊理论在管理与工程设计优化中的应用问题等。

8. 功能求索法

无论是公认的科学理论与成熟的应用技术，还是已有的具体事物，都是以满足人类改造自然、构建人工自然、改善人类生活品质的需求为存在的基础和前提。满足需求的根本要素是现实存在事物（科学的、技术的、产品的等）自身所具有的功能。随着科学与社会的发展，对新生事物的需求—功能与日俱增，从对新事物功能需求中发现问题也就成为普遍直观的方法。

需求—功能来源于现实科学研究、生产与生活实践中存在的必然现象，为相关大多数人所共识，矛盾焦点突出，问题明显也易于发现。其具体方法是：首先，确定需求矛盾；其次，明确要求目标，确立需求功能；再次，解析功能本质（原理、技术、材料等），突出矛盾焦点；最后，确定问题实质。

应用功能求索法可以与上述其他方法有机结合起来，可以收到更为直观、有效的成果。

功能求索法不仅可以拓展、深化已有理论、技术的应用范畴，也可对发展新理论、新技术提供引导。

比如随着世界人口老龄化，居家养老已成为一个重要问题。目前，虽有辅助生活机器人问世，但仍需设定程序的预控，而无法愉悦老人的情感生活和主动发现需求与突发危机，并采取相应的处理方法。要实现上述功能，关键就是实现机器人人性化问题，也即对人脑功能的全模拟问题。

第五章　不同类型研学旅行活动开发思路

根据教育部文件提出的"培养德智体美全面发展的社会主义建设者和接班人"目标,本书将研学旅行活动分为德育及人文素养、科技创新、体育、美育4种基本类型,在此基础上还可以将上述4种类型分为科技类研学旅行与人文体艺类研学旅行两大类。

但是,需要指出的是这几种类型,也不是完全可以线性地做出区分的。例如,在科技创新类型研学旅行活动中就可能以国防工业的杰出科学家群体为例展开教学,在参观中介绍中华人民共和国成立后毅然回国报效祖国的科学家,重点介绍辗转回国的钱学森先生,为了国家事业奉献毕生的邓稼先先生,以及1968年12月5日因乘坐的飞机失事而牺牲的郭永怀先生的感人事迹。这些设计就不好简单地算作德育及人文素养类型或科技创新类型研学旅行活动。

接下来,本章将按照科技类研学旅行与人文体艺类研学旅行两大类为分界线,从不同视角介绍不同类型研学旅行活动开发思路。

第一节　科技类研学旅行与创新能力培养

科技创新及工业体验类型研学旅行活动需要走进科学研究机构、现代生产企业和以科技场馆及实践场所为代表的研学基地。这些活动不仅差异性很大,而且蕴含着研学旅行机构活动设计者辛勤的劳动,同时有些也涉及一些商业机密。为了保护研发者知识产权,笔者在认真调研了亲子猫(北京)国际教育科技有限公司等国内领先的研学旅行机构之后,决定不对这些公司擅长的科技创新及工业体验类型研学旅行典型活动进行论述，而只介绍研学旅行中的创新能力培养等共性问题。

在科技类研学旅行中，帮助学生在掌握知识和技能的同时，提高创造创新能力是十分必要。正确认识提高学生创造力的关键问题和理解生产实践系统的演化规律是两大比较重要的着力点。

一、正确理解科学、技术、技术创新等问题

科学家研究科学理论，工程学科的专家研究许多工程专门问题，可是他们通常并不研究（或者不着重研究）下列一些根本性问题：例如，技术与科学有什么区别，为什么不能把科学与技术"一锅烩"？技术与技能、技术与工具、技术与知识等有什么关系'？发明为什么不等于技术创新？这些是与技术有关的超专业问题或跨专业问题。

要做好科技类研学旅行，首先需要理解何为科学问题、何为技术问题。要提高学生创新能力就需要理解创新概念的由来。接下来将分别讨论这3个概念。

（一）科学问题

这里的科学一词指广义的科学，因此我们研究的科学问题也就包括了自然科学、社会科学、人文科学等。什么是科学？科学的概念是很难定义的，不同时期有着不同的解释。从广义上讲，科学是指人们对客观世界的规律性认识，并利用客观的规律性，改造客观世界、造福人类。因此，科学问题也就是人们认识和改造客观世界中所涉及的所有问题，这也决定了科学问题所应具有的特征。

科学问题是特定时代在特定的知识背景下提出的关于科学认知和科学实践中需要解决而尚未解决的问题，它包括一定的求解目标和应答域。科学问题是特定时代的产物。时代所提供的知识背景决定着科学问题的内涵深度和解答途径。问题在不同的事实和经验背景下其内涵深度也是不同的，如针对遗传的奥妙这一古老的科学问题，19世纪末思考的是种质问题（魏斯曼提出），20世纪初讨论的是基因问题（摩尔根提出），20世纪50年代则提出生物大分子DNA的结构问题（沃森和克里克提出）。背景知识还制约着解决问题的途径。对有些问题因受目前认识和经验水平的限制，其求解目标和应答域尚不明确，则这样的问题还不能

称为科学问题。具体的科学问题是有预设的,也就是说研究活动是从有知开始的,科学问题及预设,是在一定背景知识下提出的,因而解决问题也是在背景域中收集材料、提出假说、建立理论、进行实验、验证,解决问题也体现为背景知识的创造、修正或扩充。科学问题蕴含着问题的指向、研究目标和求解的应答域。科学问题从形式上可以分解为3种主要类型:首先,"是什么"的问题。这类问题要求对研究对象识别或判定。如原子是什么?遗传基因是什么?其次,"为什么"的问题,这类问题要求回答现象的原因或行为的目的,是一种寻求解释性的问题。例如,"为什么牛有4个胃?"最后,"怎么样"的问题。这类问题要求描述所研究对象或对象系统的状态或过程。是一种描述性问题,如太阳系的结构是怎么样的?一般把问题指向的研究对象,称为"问题的指向"。第一类问题指向自然界的某种可观察的实体或现象,第二类问题指向现象的原因,第三类问题指向对象系统的状态或过程。

问题通常以疑问句的形式来表述。科学问题不仅包含了问题的指向和与特定的疑问词相联系的义项,而且还包含了问题的"求解应答域"。应答域指在问题的论述中所确定的域限,并假定所提问题的解必定在这个域中,这也是一种问题的预测。上述相关内容,不难看出科学问题的预设不仅是知识背景的前提规范,也是指导、鉴定科学问题的客观标准。首先,预设尽管是一种猜测,但在实际科学探索中,却能起到定向和指导作用。预设的应答域可以排除许多因素,能对解决问题提供明确的方向;否则,若问题只有求解目标而没有应答域,其求解问题可能是一个无限定的全域,这样的问题就不能构成科学问题。其次,科学问题都以疑问句型构成的,问题也有真实与虚假之分。区别真假问题,也取决预设的真实性。如果预设是真实的,则科学问题的提法才是正确的。例如,"牛为什么有4个胃"因为预设牛有4个胃是真实的,所以"牛为什么有4个胃"这一科学命题也是真实的。反之,如果预设的提法是错误的或虚假的,科学命题也就不能成立。例如,"如何制造一部永动机?"因为根据能量守恒定律"永动机"是不可能存在的,预设是虚假的,因此"如何制造一部永动机"的命题也就不是科学问题。最后,预设也是判断科学问题与非科学问题的标准。划分科学问题与非科学问题是依据其预设状况,背景知识的性质来确定的,如果预设是科学知识,则是科学问题，预设是非科学知识，则问题也是非科学问题。例如，"第二次世界大战是怎样爆发的？"尽管预设是真实的，但也不属于科学问题。

科学问题的解答没有机械的、固定的、普遍有效的规则，有的只是主动、活跃、持续的探索；甚至对同一个问题有不同的提法，多种不同的答案。但必须给予概括的、客观的、准确的和批判的解答。科学问题的答案可能是发现新的事实、提出新概念、建立新理论等，但其结论必须要求有普遍性、适应性、可检验性和可重复性。解决科学问题目的要求不尽相同，但都运用批判性思维、规范思维、抽象思维、严密的逻辑思维和精确的数学思维。

（二）技术问题

技术问题所指的"技术"一词同样指广义的技术，因此我们研究的技术问题也就包括了如下几方面的内容。

物质性技术：物理（民用、电气、空间工程等）的技术、化学工程的技术、生物化学的技术、生物学的（农学、医学等）的技术。

社会性技术：心理学（教育、精神医学等）的技术、社会心理学（工业、商业、战争心理学等）的技术、社会及公共管理领域（政治学、法律学、城市规划等）的技术、经济学（管理科学、运筹学等）的技术、军事科学技术。

概念性技术：计算机及信息科学领域中的普遍性技术（自动化理论、信息科学、线性系统、控制论、优化理论等）。各个领域中技术的多重性因素决定了给技术定义是很难的，但理解技术的含义必须深刻的理解技术的本质，理解了技术的本质，才能对技术问题有更深刻的理解和认识。

研究技术的本质，首先，必须明确技术的范畴，技术的基本范畴是活动过程，即制造和行为活动过程，技术过程只能是制造过程——即劳动过程。其次，还必须明确技术的目的。技术的目的是控制和掌握世界，基于上述理解可以认为技术的本质就是人类在利用自然、改造自然的劳动过程中所掌握的各种活动方式、手段和方法的总和。

技术系统是技术主体——人以及主体作用的对象，以及技术客体、自然界等组成。可见技术是连接技术主体与客体的中间媒介，而技术问题就是主体作用客体的方式、手段和方法中存在的疑难。具体表现为做什么、怎么做的问题。主要表现为以下几方面的技术问题：第一方面，生产（实施）方法中的技术问题，如生产（加工）中工艺不合理问题，工艺缺陷问题，生产率低问题，生产工艺落后问题，乃至无系统工艺方法等。第二方面，工艺手段技术问题，如工具设备的设计、制造问题、使用问题，以及操作手段、技巧问题。第三方面，组织管理中的技术问题：如计划问题、管理问题、原材料与产品流通中的技术问题。第四方面，其他相关领域中的类似技术问题。

科学与技术是密不可分的，科学与技术的联系发生在多方面及不同层次。

首先，科学是科学性技术产生与形成的基础，并为科学性技术的发展，不断提供知识源泉，有些技术问题，直接转化为科学问题。

其次，经验技术（经验技术是以知识为基础的）中包含着科学因素，它的提炼与升华解决问题的综合结论是科学创造的源泉；科学也可以改进和提升经验技术，也为解决技术问题，提供了科学依据和指导。

再次，在某些层面科学问题与技术问题是彼此相关的。科学中存在着技术问题"做什么""怎么做"，对这些问题的解决将推动科学发展或产生新的技术（如怎样生产制作航天服的技术问题）；在技术中也存在着科学问题"是什么""为什么"，对这些的研究将形成技术科学。

复次，技术的需要（技术问题的解决）是科学发展的动力。

最后，技术也为科学研究及其进展提供了必要的手段及条件。

综上所述，科学问题与技术问题是息息相关的、互为依托的问题，随着科学技术的发展出现了"科学技术化""科学技术一体化"的趋势。也为我们创造性解决问题提供了更广阔的空间。

（三）创新、技术创新的概念回顾

创新是美籍奥地利经济学家熊比特于1912在其《经济发展理论》一书中提出的。根据熊比特的观点：创新就是生产函数或供应函数的变化，或者是把生产要素和生产条件的"新组合"引入生产体系。这种组合包括以下内容：①采用一种新的产品获得一种产品的新的特性；②采用一种新的生产方法；③开辟一个新市场；④掠取或控制原材料或半成品的供应来源；⑤实现一种工业的新组织。通俗地讲技术创新就相当于我们通常所讲的科技成果的商业化或产业化。按照熊比特的观点，创新包括技术创新和组织管理上的创新。技术创新的概念是由熊比特的上述观点发展起来的，因此认为：第一次开发或引进一个新产品或新过程所包含的技术、设计、生产的过程是技术创新。

技术创新是以"技术的创新（发明）"为基础，但又不等同于发明，两者的区别和联系如表5-1所示。

表5-1 技术创新与"技术的创新（发明）"的区别与联系

内容	技术的创新（发明）	技术创新
范畴	技术领域	技术、经济领域
范围	新技术知识的创造	产品创新、工艺创新、原材料创新、市场创新、组织和管理创新、服务创新等
主体	主要是科研机构和科技人员	企业（企业家）及"销、产、学、研"人员
价值目标	技术的先进性和实用性	创造性和效益性（商业价值）
过程	选题立项→实验研究→综合、总结（撰写论文）	技术、经济构想→技术开发→经济开发（试生产及其产品首次实现商业价值）
产品	知识形态（含样品、样机、模型、工艺方法等）	实物形态（现实生产力）
两者间联系	创新的技术源泉	发明的后续过程

目前在我国，技术创新的主要的形式是技术开发型创新和市场开发型创新。

新产品的研究与开发，是企业在激烈的市场竞争中立于不败之地的重要方面。通过购买专利等手段，从企业之外引入新产品，固然也是一种办法，但是却需面对很大的不确定性、支付较高的费用，且不一定完全适合企业的发展目标和自身条件。实施技术开发型创新就成为企业的选择。要实现技术开发型创新，企业就要在技术行为与产品特征上有很大变化，主要致力于中长期的产品更新换代或创立全新产品。它以相对牺牲部分眼前利益为代价，着眼于用户显性需求质的扩展或潜在需求诱导，为用户提供较高使用价值。这种创新虽然风险性大，但立足开拓，往往是根本创新的先导。具有较强技术力量和经济实力（或得到特定外部支持）的企业特别是新兴产业的企业，常采用此类技术创新。

而一个国家要实现可持续发展，建立国家创新体系显得十分重要。所谓国家创新体系，即一个国家所创造的有利于创新的环境与条件。这些环境与条件的具体内容如下。

制度环境：制度环境包括所有制结构、经营制度、要素配置、利益分配等，制度环境对创新活动产生动力和阻力。

政策环境：与制度环境相比，政策环境对创新的影响更直接更具体。在所有的政策体系中对企业技术创新直接影响最大的是利益分配政策和产业技术政策。

市场与法制环境：会对创新起阻碍或推动作用。

教育培训环境：教育培训是创新的人才基础，国民文化技术素质是决定创新水平高低的重要条件。

信息服务环境：信息系统与服务环境是连接技术开发与应用推广的纽带。

基础研究与应用研究环境：这是国家创新体系中不可缺少的部分。

二、用马克思主义哲学理解生产实践系统的演化

从前文的分析，技术创新是与生产实践密切相关的，因此，理解生产实践系统的演化规律十分必要。

全面系统地看问题是马克思主义哲学的重要原理，生产实践是创新创业的基础，用正确的哲学思想看待生产实践系统的演化是提高创新创业者哲学素养的有效途径。

一个产品或物体都是生产实践系统的产物。系统由多个子系统组成，子系统由零件、部件、甚至元素构成，并通过子系统原理结构的相互作用来实现一定的功能。以大系统观论，系统处于超系统之中，超系统是系统所在的环境，环境中其他相关系统可以看作超系统的构成部分。

生产实践系统的进化是指实现系统功能的技术从低级向高级变化的过程，不管客观规律是否已经被创新者所认识，进化都必须遵循客观规律进行的。认识和掌握系统进化的客观规律将有利于生产实践系统的进步，以提高生产实践系统水平和产品的开发能力，提升产品的竞争力。

生产实践系统的进化决定于其自身的成长、变异和环境的选择。环境变化改善了系统功能建构的基础条件和需求应用范围，对系统的进化影响更为显著。任何系统的进化机制可以归结为正、负、反馈的某种往复循环过程，正反馈是系统

变异产出的条件，而负反馈是系统变异稳定的条件，只有通过"正反馈—自生成"和"负反馈—自稳定"反复循环，系统的变异才能经选择而稳定存续下来。这一点也支持了系统是循序渐变进化的理论。生产实践系统进化的逻辑结构主要决定于其内部各子系统之间的相互作用，也受更大系统环境内外相互作用的影响。相关事物之间不平衡是常态，平衡是趋向。工艺进化也就在子系统间或大系统环境的相关关系和条件作用下，在平衡与不平衡间循环变动，螺旋上升以形成生产实践系统的进化。

（一）生产实践系统进化过程

生产实践系统的进化规律是由创新者所掌握的工艺特点及生产实践系统本质特性所决定的，并贯彻其发展进程的始终，有总结过去指引未来的双重作用。生产实践系统的进化受到客观环境的制约和人的主观能动性的影响，形成循序变化和突变两种机制，但是其演化机理是客观的，也是不以人的意志为转移的。因此，深入了解生产实践系统进化的理论与规则，是从事创造与创新活动不可或缺也不可回避的问题。

通过生物进化与生产工艺进化法则的类比，可以认识到生物进化是通过遗传变异和自然选择进行的。基因变异是进化本体的内部因素，而自然环境则是影响进化的外部因素。生物进化当然也包括人类的进化。生产工艺是人类征服和改造自然最基本，也是最重要的手段之一。生产工艺进化，也同样存在内部和外部两方面的影响因素，并可以划分为主观和客观两方面，客观的外部环境包括自然环境和已参与了主观因素的社会环境，客观的内部因素则是事物的自然特性和科学规律。主观因素则是社会的基本需求与人的主观意识和直接参与。这种人的参与，既表现为生产工艺的进化形式，也表现为生物的改良和异变。

下面将就生产实践系统中的进化法则进行分析。

1. 以功能为基础的生产实践系统演化

生产实践系统的存在以需求功能为目的。功能的实现过程必须符合自然规律，也即得到了科学原理的支持。系统的功能原理是客观存在的，并不以人们是否已经认识到这种原理的内涵为存在条件。违反科学原理的系统功能是不可能实现的——如永动机。因此，可以认为系统功能原理是系统演化的基础。

钻木取火与轮子应用是人类科学史具有重要意义的两项活动。也展现了科学原理——功能原理应用的典型事例，作为"縻母"的技能演化进程。

发现"天火"造就的熟食和用火是人类文明史上重要的里程碑，当自然火保存火种的方式已无法满足生存的需求时，掌握取火技术便成了当务之急。在生产劳动实践中，人类得以掌握"钻木"与"撞击"两项取火技能。

钻木（以木钻石或钻木）的原理是摩擦生热（物理原理）和可燃物质达到燃点后自燃（化学原理）两项科学原理的融合。木材通过摩擦力转化的热能，首先碳化降低燃点，并在热量达到燃点后燃烧，达到了取火的功能。

火柴的发明改变几千年的取火方式，其进化表现为摩擦表面与可燃物质的改变——用不同颗粒度的砂纸取代了木材（或石块），而对应的摩擦兼易燃物用粘结有易燃的磷、硫黄、石蜡的细木材杆（一般为白桦）所取代，而取火技术的基本功能原理却没有改变，并足以彰显取火技能演化的"縻母"特征。

安全火柴则是以磷（红磷）砂纸取代了石质砂纸，实现易燃物的结构转移，以避免了一般火柴在粗糙表面均可取火的安全隐患。

以冲击力为能量转化媒介使物质自燃的取火功能原理与取火方式的技术，也是使用比较久远的一种生产实践系统；其原始的技术过程是以石块击打燧石（俗称火石）或含有燧石成分的石头来实现取火功能的。燧石中含有稀土元素铈、镧等属于易燃金属，在冲击力作用下产生碎屑，与空气接触即可燃烧并释放出大量热量——即火花及颗粒达到高温炽热状态，进出的火花点燃易燃物达到取火功能。

冲击取火技术是沿用比较久远的一种取火技术，直至火柴出现前，也在不断演化，最早的演化方式是铁刀取代了石头以增加打击力强度和耐磨性，并以碳化棉（火绒）作为易燃物以降低燃点取火更为容易。

打火机作为一项实用的取火产品，采用有齿摩擦轮使燧石颗粒更加细化、易燃，而燧石也被人造燧石所取代，增加了稀土金属的含量，更易于火花的产生和集聚；易燃物则使用燃点更低的汽油、燃气，实现了取火的现代化。然而，必须指出打火机取火的基本功能原理并没有改变，只是通过分功能的演化与科学化，提高了取火的技术含量与质量，提高了功能效率。

所以，原理不变，工具和技能进步是生产实践的重要途径。

轮子乃至与轮子技术相关产生的车的应用是人类历史上又一项重要进步，也是科学原理应用推动工艺进步的典型案例。

轮子的应用是从古保持至今的一项技能，已有 6000 余年历史。通过实践中的认识和经验总结，使轮子的应用进一步扩大，主要有 3 个方向：即行走机械、动力机械与加工机械。

古人移动重物是在支撑面上用人力直接拖曳完成的，滑动的摩擦力过大，费时、费力、功效也太低。在重物下垫上圆木（滚杠），由滑动摩擦转变为滚动摩擦，不仅省力，"功效"也大为提高。最早的滚动技术是一根根整体的圆木（滚杠），虽然起到减少阻力的作用，但也出现圆木直径小、大圆木使用不方便等矛盾。将大型圆木锯成饼形，便成为轮子的雏形。把两个轮子中心掏空，中间穿上细一点的圆木轴，代替滚杠进一步达到省力、便捷的目的。在轴上装上平板则成为"车"。这也就成为轮子作为实用技术的起源。考古学家发现表明（参见乔治·巴萨托《技术发展史》），约公元前 4000 年有轮子的运输工具（车）在美索不达米亚平原被发明，在很短的时间内便得到迅速传播。人力车、畜力车用于战争、运输长达近 6000 年，直至生产出汽车、火车，而轮子的功能基本是一致的，这不能不说是技术历史的奇迹。

轮子是通过外力（推或拉）与支撑面（地面等）的滚动阻力形成的作用转矩实现滚动的，是以基本力学原理为技术基础的。如果引用"縻母"概念轮子的性状——形状才是"縻母"，是技术进化的根本；至于轮子的尺寸、结构、则是系统结构的问题，仍然在不断进化之中。

轮子的结构进化引起性能的变化，而与车厢的结构变动的相关性并不十分重要。

例证表明应用同种功能原理的生产实践系统，由于外界自然条件、工艺条件、新知识、工具的产生等需求环境和需求欲望的变化，生产实践系统也在不断地演化。具体有以下几种方式。

第一，系统（子系统）结构的改进、完善促进生产实践系统演化。车轮子自身的结构演化更为明了和直接。最原始的轮子为整体切断的圆木制成，不仅笨重而且不圆,使用功能和性能受到影响。为了使用需求,轮子的结构首先由整体轮改进为拼装轮,使圆度得到改进,对原材料的选择也得到较大的适应性。轮子(车轮)进一步进化为组合结构:由轮毂、轮缘、轮辐(含辐条幅板)组装而成,增强轮毂强度的同时也起到减重作用。随着新材料新技术的产生,轮毂内嵌装了金属套并在轮轴嵌入金属条(间断、均匀分布),演化为初级滑动轮承,继而为滚动轴承所替代。而轮辋结构中首先在轮辋表面加装了金属辋,增加了轮辋强度和耐磨性。随着橡胶材料的使用,金属辋为胶车胎和充气胶车胎取代,完善了车轮结构,也增加了轮子附着性(轮表面有花纹)耐磨性和减震性。上述例证显示了单一功能基本结构随需求、材料、工艺等环境条件变化而产生相应的进化。在复杂的生产实践系统中,由更复杂的结构变化而带来的功能性提高与进化,也是一种较为普遍的生产方式进化形式。

第二,生产实践系统材料替代、促进的生产实践系统演化。随着生产与科学技术的发展,新材料层出不穷。作为系统输入的物理材料的替代,使系统功能的性质、效能不断改善与提高,是生产实践系统演化的又一种形式。打火机在系统原理不变的情况下以天然气取代碳化棉使取火技术由低级步入高级,以橡胶充气轮胎替代钢性轮胎不仅提高了"功能原理"的附着力、驱动性,也改善了车的减震性,并为提高车速创造了良好的条件。上述变化自然也带动了生产实践技能的进步。

第三,先进的工艺性是促进系统演化的又一项重要原因。一个切实可行的科技原理和接近完美的结构设计要实现系统的良好功能,必须以先进的生产工艺为依托,由能工巧匠实施才能实现和不断地向高层次演化。比如前面例中的打火机的小型化、便捷化就需要储气机体和出气口的密封,操纵打火、喷气协调问题都须有精密加工的工艺保证,这些都要有创新者去实现。有时汽车行驶中,风阻占动力消耗的 50%~70%(随速度变化而变化),减少风阻需要流线型等良好的造型,这并非只有车身设计所决定。好的造型,必须有良好的冲压工艺为依托和保证,只有掌握先进的工艺技师,才能保证车辆生产实践系统不断的优化、推陈出新。

第四,子系统进步引起的生产实践系统演化。生产实践系统功能原理与主体功能结构的不变的情况下，对个别子系统的功能原理与结构的改变是生产方式进步的又一条可行的途径。比如在汽车传动系统子系统中采用液力变矩器与行星变速系统取代机械离合器与分级有机齿轮变速即可减少变速时的冲击与操纵的复杂程度，无疑是汽车系统制造有效演化进程。

2. 技术转移中的生产实践系统演化过程。

一个生产实践系统的进步与完善都有目的、有针对性的，一般限于一定的领域甚至一个相对较小的应用范围。所谓技术转移是根据系统日趋完善的功能及其结构直接或稍稍改动、调整，应用于其他领域发挥功能作用并继续发展的一种生产实践系统演化方式。技术转移是在人的主观参与引导下进行的，是建立在对客观环境的观察证实与实践经验基础上。生产实践系统转移演化有以下3种主要方式。

（1）产品功能演化。产品进化与生物进化最大的不同点在于产品进化有人的主观参与和引导，而人的主观参与引导并非异想天开，而是建立在对客观环境的观察认识所积累的知识与经验基础上的。以轮子为例，产品功能演化主要表现为以下两种形式。

第一，作为动力转换的轮子功能的演化。从表5-2可以看到加任何一种外力都可以使轮子转动。流水是一种自然动力，水轮也就成为轮子的另一种生产实践系统结构，而其功能却是实现动力的传递。水轮是在轮辐边缘固定叶片的一种结构，通过流水的功能冲击叶片使轮子转动，并由轮轴输出转矩以带动其他机械系统做功。水轮也是一项古老的工具，水轮的异变体现在叶轮及叶片结构改变、外动力介质性能改变等方面，并由叶轮不同结构与不同动力介质的组合产生纵横向进一步演化。

表5-2 外力与轮子转动关系

叶片形式	水动力	蒸汽动力	燃油气动力	空气动力
经向叶片、螺旋叶片	水轮机、水力叶轮机	蒸汽涡轮机	涡轮喷气发动机、内燃油涡轮机	风车

第二，作为加工技术轮子结构功能的演化。轮子的旋转运动特性，作为加工系统首先应用陶瓷器具（毛坯）成形这也是一项古老的工艺。陶土毛坯在轮上

同轮子一起旋转产出径向（轮子经向）离心力，操作者用手对泥坯施加适当的作用力同时并向上沿着预定陶制器具形状（母线轨迹）移动制成毛坯，经烧制而成陶器。这种应用于陶、瓷制品的旋转制坯技能一直被沿用到现在。按照器具基本成形原理制坯转轮逐步演化为木工旋床、金属加工机床。

（2）工具结构演化。成熟的结构，无论是元素还是组件都有其相当广泛的应用范围，如轴、曲轴、偏心轴、凸轮轴、曲柄连杆机构、偏心连杆机构等都在转移技术领域发挥有效的功能效用。这便是技术结构演化的现实反映。轮子的单体应用于动力的传动工具，也在不断地进化，由最早应用于中间传动的绳轮、圆柱形齿轮（如图5-1的牛转翻车），发展为皮带轮、链轮、齿轮等，也体现了技术进化的多样性。

（3）生产实践系统功能扩展演化。一些生产工具系统是为某些生产实践目标研制开发，并经实践所验证成为经典的生产工具，如各类机床、粉碎机等。随着人类生产生活的需求范围扩展，将典型的生产实践工具稍稍改进即可演化为适应其他领域的生产实践系统。如根据机床"球"加工技术制成苹果削皮制瓣机。根据粉碎搅拌技术研制的家庭用豆浆机、搅拌机等均使原有生产实践系统实现了扩展演化。

（二）生产实践系统进化的基本原则

生产实践系统进化过程中，创新者有时可以通过生产技能和工具进化实现生产技能的提高。这个过程中应当关注如下的基本原则。

1. 生产技能进化中的自我增长原则

生产技能本身是为满足社会需求用以改造自然（含人工自然）的重要手段。而对于具体技能也有明确的需求，两者各自需求的目的是有区别的。社会需求通常是原则性的、定性的，掌握生产技能目的则是具体的、明确的甚至是有定量指标的。生产实践的目的与生产技能之间存在矛盾是客观的必然。

技能的发育有其内在的根据和机制，因此创新者是原动者，创新者技能的自我增长决定于内在矛盾机制。内在矛盾主要表现为生产目的与手段的矛盾、继承与创造的矛盾、结构与功能的矛盾、专门化与综合的矛盾、规范与实践的矛盾等，这些内部矛盾也就构成了创新者技能发展和进步的原动力。对于生产技能发

图5-1 牛转翻车

资料来源：宋应星《天工开物》，万卷出版公司，2008，31页。

展进化，生产目的与生产手段等相互作用、相互转化导致了创新者生产技能本身的自我增长。

应用这一法则促进生产提升应注意以下问题：一方面，生产目的不能脱离生产手段，两者必须相互依存相互制约。另一方面，生产目的的合理性、可行性与生产手段的完善性有效性互为依存。

2. 进化的连续性原则

生产实践的本质是根据需求完成某种功能。当需求功能不变的情况下，随着环境及需求品质要求的不断提高，生产实践系统进化则保持连续的变化过程。在满足基本功能的情况下不断提高品质，而产生连续性的进化过程。

如锤子是用来粉碎（脆性物）和锻打（韧性物）的，以使被作用物体产生整体变形（尺寸或性状改变），这一过程中是用冲击力来实现系统功能的。古人最早使用石锤，为了增加打击力，改造为加柄石锤；当有了金属材料后，石锤进化为金属（铜、铁）锤，为了适应不同的打击需求，在锤头的结构发生了性状变化。锤的进一步发展是由机械动力、流体动力代替了人力操作，演进为由偏心轴、曲轴带动的机械锤和由高压空气或蒸汽为动力的空气锤和蒸汽锤。

3. 创新者所使用的工具进化的多样性原则

如果说进化的连续是根据科技的进步，功能的需求提出更高的要求，使生产实践所使用的工具向复杂、高效发展。进化的多样性则反映了根据需求的广泛性，向适应性与专业化发展和进化，反映同类系统近似功能类型应用多种技能的发展趋势。

工具的多样性可分为纵向和横向两种进化趋势。现以运输生产实践系统这样一个庞大的体系来说明。

运输生产实践系统其基本功能是运送人和物，早期运输只有水上和陆地两种运输方式。运输工具可以包括人、畜力、车辆、船舶，原动力除人力、畜力外尚有风力、水力。随着科学技术的发展又出现了火车与飞机，原动力机也逐步为蒸汽机、内燃机、电动机、燃气轮机所取代，先进的磁悬浮列车采用的则是先进的电磁原理。这也是车辆原理一次质的突变。运输生产实践系统主要运输工具的作用力分析如表5-3所示。

表5-3 运输生产实践系统主要运输工具的作用力分析

项 目	汽 车	火 车	船 舶	飞 机
支持力	地面支持力	地面—铁轨	水浮力	空气举升力
阻 力	地面阻力、空气阻力	铁轨阻力、空气阻力	水阻力、空气阻力	空气阻力
驱动力	电动机、内燃机	蒸汽机、电动机、内燃机	蒸汽、内燃机、风力（帆）、水力（桨、橹）	内燃机、涡轮喷气机
类 型	客车、货车、特种功能车	客车、货车	客船、货船、特种功能船	客机、货机、直升机、特种功能机

环境对系统的共同作用包括支持力、支持面阻力和空气阻力，为系统在保证适应环境的同时达到行进的目的，这就要求系统具有相应的特性与功能。

以船舶为例可以概略表述为：应用阿基米德原理制成中空适型结构（一般为流线型），利用水的浮力浮于水面，在桨、橹、帆、轮机驱动下，在水面上沿纵向前进实现运送人或物的功能。而船舶具体样式的差异，也对使用者提出不同的操作技能要求。

第二节　人文体艺研学旅行活动设计

做好人文体艺研学旅行，活动设计是基础，下面结合不同类型研学旅行特点，分析具体活动设计思路。

一、博物馆研学旅行活动设计

博物馆是展示人类文化成果的平台，依托博物馆开展研学旅行活动有利于充分利用社会公共资源提高青少年教育的水平。

在博物馆参观中帮助学生树立正确历史观，是开展课程研学旅行活动的重要形式，要实现这一目标，教师的设计很重要。

一般来说每一次听讲学生不能过多，以学生能够听得清楚为目标；要保证实践活动效果就要做好分组分流工作。对于一些面积较小博物馆（如北京新文化运动纪念馆等）则可以采取学生分批不同时间到达形式分流；同时，一定要保证其他学生在没有排到自己听讲解时有事可做。在参观国家博物馆时，就可以采取一部分学生由一组教师参观其他展览，在约定时间到达复兴之路展览开始处与前一批参观听讲解的学生进行活动置换。

在具体的博物馆参观中，教师要善于用正确的历史观开发研学旅行内容，这样就可以把一些看上去与历史不相关的博物馆纳入实践活动之中。要实现这一目标，就需要明确博物馆研学旅行活动需要学生掌握的知识点。

例如，在中国电影博物馆开展研学旅行活动，就可以从了解日本文化侵略工具——"满映"的侵略实质，及其回归中国人民手中的过程入手设计活动。要达到既定工作目标,就要帮助学生掌握如下背景知识。

新中国历史上的第一个电影制片厂——长春电影制片厂是抗日战争胜利后,中国共产党接收日本在东北建立的"满洲映画社"(以下简称"满映")后组建的。电影博物馆对此只有一句介绍,学生往往会问:"满映"是什么?有哪些故事?这里就需要有选择的用一些历史事实去揭露日本的文化侵略。

首先,引导学生从日本在东北包括"满映"在内的电影发展史看其侵略本质。

日本南满洲铁道株式会社(以下简称"满铁")是一个公司形象出面的情报机构,1923年设立映画班,主要拍摄日本关东军的纪录片,正如有关学者指出的:"也可以说'满铁'的电影活动,从一开始就和日本关东军的军事侵略紧密配合在一起,成为关东军的一个喉舌。"1937年8月2日伪满决定成立"满映"。"满映"第一任理事长是前清肃亲王的儿子金璧东,第二任理事长是日本人甘粕正彦;关于金璧东任理事长《满映——国策电影面面观》这样分析:"日本人安排金璧东担任理事长只不过是块招牌,而'满映'真正权力掌握在原'满铁'庶务课长、专务理事林显藏手里……早在'满映'成立之前,'满铁'就拍摄了大量的纪录片,对于利用电影从事政治宣传和对东北沦陷区人民进行奴化教育,已经干了十多年。比起金璧东,林显藏无疑是电影内行。"

1939年,"满映"新厂房落成(即现在的长春电影制片厂址)。于1939年11月1日出任"满映"第二任理事长的甘粕正彦是在"满映"生产文化侵略产品时的负责人。

教师可以结合博物馆参观引导学生读书获得上述史料,学生就比较容易看出"满映"从始至终都是由日本人所掌控,其目的也绝非拍电影,而是为其侵略服务。

其次,引导学生从李香兰个人经历剖析揭示"满映"从事文化侵略的隐蔽性。李香兰,祖籍日本佐贺县,本名山口淑子,1920年2月12日出生于奉天省北烟台(现辽宁省灯塔市)。1938年,在"满映"的重新包装下她以中国人身份出现,在日本奉天广播电台新节目《满洲新歌曲》中演唱了《夜来香》《渔家女》《昭君怨》《孟姜女》等中国歌曲，其中《夜来香》使其成名。而后，迅速成为歌坛和影坛明星，演出多部粉饰侵略的电影。1944年，李香兰辞职离开"满映"，1945年，抗日战争胜利，日本投降，李香兰被"中华民国"政府以汉奸罪罪名逮捕。后来，因证明其为日本人而非中国人的身份，被无罪释放，遣返回日。返回日本后，积极支持和参与中日友好事业，病逝后获得中国外交发言人好评。把一个会说汉语的日本人包装成中国人，再去出演粉饰日本侵略战争的电影，足见其从事文化侵略的隐蔽性。

最后，引导学生从中国共产党领导的"东北电影工作者联盟"顺利接收"满映"的原因，分析第二次世界大战中各种力量在战争中地位和作用。在"满映"发展过程中，国民党特工姜学潜进入"满映"，并逐步成为娱民映画处长。中国共产党之所以最终战胜姜学潜领导的愿意归附国民党的势力，关键在"满映"的日本共产党大冢有章的支持下团结了大批日本技术人员。由此，可以进一步引申分析日本的反战力量在战争中作用，分析正义战争是得道多助。近百名日本工作人员从战争结束后直到1953年回国前的约8年时间内，为新中国电影事业做出了贡献。在带领学生参观后，可以指导学生收集资料编制日方人员参与电影制作表等活动，认识到抗日战争胜利后到中华人民共和国成立，参加东北各领域建设的日本人与中国人民的感情，是他们回到日本后组建各种团体为中日友好服务的动力之源。

二、党史国史研学旅行活动设计

实施党史国史类型的研学旅行活动就可以通过开展丰富多彩的体验式学习活动，了解国史、国情，深化对"三个选择"的理解，在实践环节中积极思考，领悟理论知识的真谛。这是思想政治教育的重要一环，也是实现正确的理论"进头脑"的关键。笔者认为应当做好如下几项工作设计好研学旅行项目。

（一）设计者加强理论学习，提高认识

在具体的工作中要关注如下内容。

2013年6月25日下午，中共中央政治局就中国特色社会主义理论和实践进行第七次集体学习。中共中央总书记习近平在主持学习时强调：历史是最好的教

科书。学习党史、国史，是坚持和发展中国特色社会主义、把党和国家各项事业继续推向前进的必修课。这门功课不仅必修，而且必须修好。要继续加强对党史、国史的学习，在对历史的深入思考中做好现实工作、更好走向未来，不断交出坚持和发展中国特色社会主义的合格答卷。

正如龚自珍所说："欲知大道，必先为史""灭人之国，必先去其史；隳人之枋，败人之纲纪，必先去其史；绝人之材，湮塞人之教，必先去其史；夷人之祖宗，必先去其史"。

在中华民族实现"中国梦"的道路上，学习历史意义十分重大。历史学不是历史，而是对历史认识的觉解。赵翼悼杜甫的诗句有云："国家不幸诗家幸，赋到沧桑句便工。"越是太平盛世，生活的内容就越平淡，也就越不容易激发人们对历史的警觉意识。盛世修史是一个事实，但是，盛世中的许多人都是不懂历史的，他们缺乏对历史的深层体会，故而是无法了解历史的。只有经历了乱世的人，才有可能真正体会到历史的分量。只有身处盛世、不忘乱世的人，才有可能真正从历史中汲取营养。

（二）在中华5000年悠久历史中选择事件作为研究性学习的对象

美国影片《拯救大兵瑞恩》描述诺曼底登陆后，瑞恩家4名于前线参战的儿子中，除了隶属101空降师的小儿子二等兵詹姆斯·瑞恩仍下落不明外，其他3个儿子皆已于两周内陆续在各地战死。美国陆军参谋长马歇尔将军得知此事后出于人道考量，命令前线组织一支8人小队，在人海茫茫、枪林弹雨中找出生死未卜的二等兵詹姆斯·瑞恩，并将其平安送回后方。在观赏影片后，很多观众都会认为东方影片中关于这种营救很少涉及，这是东西方文化中对待参战士兵的差异。

要解决这个问题，就可以在研学旅行中与艺术品鉴赏活动相结合介绍中国曾经出现过类似影片中虚构的战场救援的真实历史故事。汉武帝时期击败匈奴，汉朝与匈奴边境获得了一段时间的安宁。西汉灭亡后，匈奴卷土重来。东汉国力恢复后，重新经营西域，复置西域都护。在这个历史背景下耿恭及他率领的士兵坚守西域孤城，与数量巨大的围城之敌苦战，最后被援军解救返回玉门关。当代画家左国顺根据耿恭的故事，创作了油画《十三将士归玉门》（图5-2），13个衣衫褴褛的大汉，伤痕累累，疲惫不堪，但目光如炬，手里牢牢攥着自己的武器。展现出坚韧的意志和不屈的民族精神。

图5-2 《十三将士归玉门》（油画）

在对真实的史料进行介绍之后，还可以展开分析美国影片《拯救大兵瑞恩》故事涉及的《苏利文法案》，在理解艺术来源于生活而又高于生活的特点的同时，进一步理解国家重视将士是世界上各国共有的美德，不是某一个国家所独有的，中国历史悠久，这种优秀传统古来有之。《后汉书·耿弇列传第九》对此有如下记述。

恭字伯宗，国弟广之子也。少孤。慷慨多大略，有将帅才。永平十七年冬，骑都尉刘张出击车师，请恭为司马，与奉车都尉窦固及从弟驸马都尉秉破降之。始置西域都护、戊己校尉，乃以恭为戊己校尉，屯后王部金蒲城，谒者关宠为戊己校尉，屯前王柳中城，屯各置数百人。恭至部，移檄乌孙，示汉威德，大昆弥已下皆欢喜，遣使献名马，及奉宣帝时所赐公主博具，愿遣子入侍。恭乃发使赍金帛，迎其侍子。

明年三月，北单于遣左鹿蠡王二万骑击车师。恭遣司马将兵三百人救之，道逢匈奴骑多，皆为所殁。匈奴遂破杀后王安得，而攻金蒲城。

恭乘城搏战，以毒药傅矢。传语匈奴曰："汉家箭神，其中疮者必有异。"因发强弩射之。虏中矢者，视创皆沸，遂大惊。会天暴风雨，随雨击之，杀伤甚众。匈奴震怖，相谓曰："汉兵神，真可畏也！"遂解去。恭以疏勒城傍有涧水可固，五月，乃引兵据之。七月，匈奴复来攻恭，恭募先登数千人直驰之，胡骑散走，匈奴遂于城下拥绝涧水。恭于城中穿井十五丈不得水，吏士渴乏，笮马粪汁而饮之。恭仰叹曰："闻昔贰师将军拔佩刀刺山，飞泉涌出；今汉德神明，岂有穷哉。"乃整衣服向井再拜，为吏士祷。有顷，水泉奔出，众皆称万岁。乃令吏士扬水以示虏。虏出不意，以为神明，遂引去。

时，焉耆、龟兹攻殁都护陈睦，北虏亦围关宠于柳中。会显宗崩，救兵不至，车师复畔，与匈奴共攻恭。恭厉士众击走之。后王夫人先世汉人，常私以虏情告恭，又给以粮饷。数月，食尽穷困，乃煮铠弩，食其筋革。恭与士推诚同死生，故皆无二心，而稍稍死亡，余数十人。单于知恭已困，欲必降之。复遣使招恭曰："若降者，当封为白屋王，妻以女子。"恭乃诱其使上城，手击杀之，炙诸城上。虏官属望见，号哭而去。单于大怒，更益兵围恭，不能下。

初，关宠上书求救，时肃宗新即位，乃诏公卿会议。司空第五伦以为不宜救。司徒鲍昱议曰："今使人于危难之地，急而弃之，外则纵蛮夷之暴，内则伤死难之臣。诚令权时后无边事可也，匈奴如复犯塞为寇，陛下将何以使将？又二部兵人裁各数十，匈奴围之，历旬不下，是其寡弱尽力之效也。可令敦煌、酒泉太守各将精骑二千，多其幡帜，倍道兼行，以赴其急。匈奴疲极之兵，必不敢当，四十日间，足还入塞。"帝然之。乃遣征西将军耿秉屯酒泉，行太守事；遣秦彭与谒者王蒙、皇甫援发张掖、酒泉、敦煌三郡及鄯善兵，合七千余人，建初元年正月，会柳中击车师，攻交河城，斩首三千八百级，获生口三千余人，驼、驴、马、牛、羊三万七千头，北虏惊走，车师复降。

会关宠已殁，蒙等闻之，便欲引兵还。先是，恭遣军吏范羌至敦煌迎兵士寒服，羌因随王蒙军俱出塞。羌固请迎恭，诸将不敢前，乃分兵二千人与羌,从山北迎恭,遇大雪丈余,军仅能至。城中夜闻兵马声,以为虏来,大惊。羌乃遥呼曰:"我范羌也。汉遣军迎校尉耳。"城中皆称万岁。开门,共相持涕泣。明日,遂相随俱归。虏兵追之,且战且行。吏士素饥困,发疏勒时尚有二十六人,随路死没,三月至玉门,唯余十三人。衣屦穿决,形容枯槁。中郎将郑众为恭已下洗沐易衣冠。上疏曰:"恭以单兵固守孤城,当匈奴之冲,对数万之众,连月逾年,心力困尽。凿山为井,煮弩为粮,出于万死无一生之望。前后杀伤丑虏数千百计,卒全忠勇,不为大汉耻。恭之节义,古今未有。宜蒙显爵,以厉将帅。"及恭至洛阳,鲍昱奏恭节过苏武,宜蒙爵赏。于是拜为骑都尉,以恭司马石修为洛阳市丞,张封为雍营司马,军吏范羌为共丞,余九人皆补羽林。恭母先卒,及还,追行丧制,有诏使五官中郎将赍牛、酒释服。

文中的耿恭拜井出水的故事,后来演化出中国象棋的一个棋局,如图5-3所示。

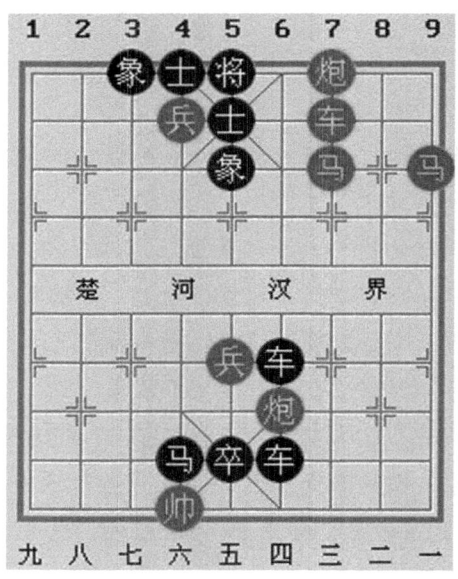

图5-3 江湖棋局"耿恭拜井"

耿恭拜井出水的原因很可能是河流被堵而改道之后，地下水仍然存在，需要一段时间，才能受地底压力作用而渐渐流入井中。古人不知道上述科学道理，以为得了神助。但是，这个故事背后也会看到对于坚定信念的褒奖。

（三）设计党史国史研学旅行活动，开展爱国主义教育

近代以来，欧美列强对外侵略扩张，也常常从"历史"开始，或者把他们欲侵略的那些非欧美国家和民族说成是"停滞的""没有历史的"民族，或者把他们打入"历史"的另册之中，把他们描绘成"野蛮""未开化"或"半开化""传统"而"非现代"的民族，以便为自己的侵略行为披上"文明""现代"和"合法"的外衣，给自己本来极不人道、极不光彩的行为赋予一种"启蒙"和"解放"的光环。

基于此，笔者在开设大学生公共选课"北京的近代史遗迹漫谈"的基础上结合北京的文化遗迹资源设计了"北京的近代史遗迹寻访"为主体的研学旅行活动，并开展了如下几方面的探索。

首先，总体设计思路是针对当前中学历史教科书中无法过多讲述地方史的实际情况，以讲述地方近代史重大历史事件为切入点，通过讲述一些学生不十分熟悉的历史事件，激发学生通过研读城市的历史，关注一些相对较小的历史事件、历史人物，从事件和人物身上品读促进学生积极向上的元素。

其次，在研学旅行内容选择上，注重体现地方特色，形成市情国情特色鲜明的研学旅行活动。以课外阅读材料为引导，帮助学生更好地实地参观，提高研学旅行效果。下面列出比较典型的5个教学案例设计如表5-4所示。

表5-4 "北京的近代史遗迹漫谈"课程部分教案信息

教学主题	扩展阅读材料	建议参观地点
苟利国家生死以，岂因祸福避趋之	林则徐生平大事年表	北京市禁毒教育基地
铁肩担道义，妙手著文章	李大钊部分著名文章、烈士碑文及生平	李大钊故居、墓园
一位中国近代史上伟大的女性	宋庆龄生平大事年表	宋庆龄故居
热血青年赴国难	五四运动及一二·九运动资料	北京新文化运动纪念馆、一二·九纪念亭

(续表)

教学主题	扩展阅读材料	建议参观地点
中国人民是不可战胜的	诗歌《娘，大哥他回来了》	中国人民抗日战争纪念馆、中国人民抗日战争纪念雕塑园等

最后，开展研学旅行活动。组织学生去上述目的地参观研学，可以为学生提供更加形象、生动的学习场所；可以帮助学生更加形象地学习历史知识，在参观学习中树立正确的历史观，激发爱国情感。

三、文化自信研学旅行活动设计

习近平总书记在布鲁日欧洲学院的演讲指出："中国是有着悠久文明的国家。在世界几大古代文明中，中华文明是没有中断、延续发展至今的文明，已经有5000多年历史了。我们的祖先在几千年前创造的文字至今仍在使用。2000多年前，中国就出现了诸子百家的盛况，老子、孔子、墨子等思想家上究天文、下穷地理，广泛探讨人与人、人与社会、人与自然关系的真谛，提出了博大精深的思想体系。他们提出的很多理念，如孝悌忠信、礼义廉耻、仁者爱人、与人为善、天人合一、道法自然、自强不息等，至今仍然深深影响着中国人的生活。中国人看待世界、看待社会、看待人生，有自己独特的价值体系。中国人独特而悠久的精神世界，让中国人具有很强的民族自信心，也培育了以爱国主义为核心的民族精神。"

文化自信与道路自信、理论自信、制度自信是一个统一的系统，正如习近平总书记讲话中指出的"文化自信"中的"文化"包括中华优秀传统文化、革命文化和社会主义先进文化，品读中华优秀文化，有助于树立"四个自信"。

研究和学习在5000多年文明发展中孕育的中华优秀传统文化是帮助当代学生全面掌握中国文化、树立文化自信的关键。要树立文化自信，就要认真学习传统文化，就需要深刻认识中国传统文化的特征。概括地说，中国传统文化的特征主要表现为：崇德尚贤、生命力强劲，具有开放、包容、内化的自我革新性。

设计文化自信研学旅行活动可以从如下几个方面入手。

(一) 结合中国古代"清官文化"设计研学旅行活动

中国传统管理文化是中国传统文化的重要组成部分,主要包括中国传统管理思想文化和中国传统管理制度文化。人才制度文化是中国传统管理制度文化的重要组成部分,因此,可以在中国古代"清官文化"的基础上,结合现实设计研学旅行活动。

海瑞(1514—1587年),字汝贤,号刚峰,海南琼山(今海口市)人,是明朝著名清官。海瑞一生,经历了正德、嘉靖、隆庆、万历四朝。嘉靖二十八年(1549年)海瑞参加乡试中举,初任福建南平教谕,后升浙江淳安和江西兴国知县,推行清文、平赋税,并屡平冤假错案,打击贪官污吏,深得民心。历任州判官、户部主事、兵部主事、尚宝丞、两京左右通政、右佥都御史等职。他打击豪强,疏浚河道,修筑水利工程,力主严惩贪官污吏,禁止徇私受贿,并推行一条鞭法,强令贪官污吏退田还民,被百姓赞誉为"海青天"。万历十五年(1587年),海瑞病死于南京官邸。死后获赠太子太保,谥号忠介。

海瑞成为中国历史上著名的清官源于他刚正不阿、直言敢谏、爱护百姓、清正廉洁。在封建集权和君主专制的时代,海瑞的思想无疑是远见卓识,具有历史进步性,但在现实中却是难以实行。

中国历史上另一位著名的清官于成龙在23年的从政生涯中,跨越广西、湖北、福建、直隶、两江等地,由七品知县一直做到封疆大吏,坚持以民为本、一切从实际出发,以勤政爱民、勇于担当、三次被举卓异的从政实践,刻苦廉洁、刚直不阿、一尘不染的人格魅力,深得各地民众爱戴和各省督抚的器重,被康熙皇帝盛赞为"古今廉吏第一"。于成龙另一个值得称道的方面在于他的节俭。为遏制统治阶级的奢侈腐化,他带头实践"为民上者,务须躬先俭仆"。去直隶,他"屑糠杂米为粥,与同仆共吃",在江南"日食粗粝一盂,粥糜一匙,佐以青菜,终年不知肉味",被江南百姓亲切地称为"于青菜"。于成龙为官20余年,只身在外,不带家眷,与结发妻阔别20年后才得一见。

清官文化是中华优秀传统文化的重要组成部分。任何一个时代都需要这种清官精神,这是为官者应当谨记的,也是社会应当倡导的。结合上述历史资源就可以设计相应的研学旅行活动。在具体的活动也要善于鼓励学生辩证思维,例如,让学生去思考一些学者认为对于这种清官文化，应持一种谨慎的态度和观点："这种复古倒退的倾向，与当今民主、法制精神背道而驰，与现代文化发展的总体趋势疏远、背离。在今天过分宣扬'清官'，将廉政的希望寄托于清官身上，而不是进行有效的法制建设，显然是治标不治本的举措，影视工作者对此不得不警醒！"（杨柳，2007）在此基础上，帮助学生理解坚决彻底的反腐十分必要，认识到只有彻底取消封建特权，全面反腐才能成为现实。进而引导学生体会中华人民共和国成立之初公开处理刘青山、张子善等腐败分子，以及近年来的反腐工作都彰显中国共产党的反腐决心。同时，给学生提供一些扩展的阅读材料，实现国家倡导的开展廉洁教育的目标。

如2015年2月3日中央纪委监察部网站的刊登署名姜赟的评论文章《不得罪腐败分子，就要得罪13亿人民——一论十八届中央纪委六条体会》指出的：

> 坚持有腐必反、有贪必肃，"老虎""苍蝇"一起打，以零容忍态度惩治腐败，是从严治党的鲜明立场。我们党是一个有着8600多万党员的大党，肩负着带领13亿人民走中国特色社会主义道路的艰巨任务。新形势下，党面临着"四大考验""四种危险"。党中央坚持党要管党、从严治党，把党风廉政建设和反腐败斗争提到新高度，坚定不移改进作风，坚定不移惩治腐败。人民把权力交给我们，我们就必须以身许党许国，该得罪的人就要得罪。如果只满足于自己不贪不腐、勤恳工作，对党内存在的现实而严峻的问题无动于衷、无所作为，今后会出大问题，会成为历史的罪人。不得罪腐败分子，就要得罪13亿人民。这是一笔再明白不过的政治账，这是一个关系人心向背的政治立场。

> 立场决定态度，态度事关成败。习近平总书记就从严治党、严明纪律，改进作风、惩治腐败发表一系列重要讲话，态度坚决、铮铮有声，为深入推进党风廉政建设提供了强大思想武器。在贪腐问题上，没有人能当"铁帽子王"。谁违反党纪国法，不论是什么人，不论担任过什么职务，都决不姑息。只有在零容忍的态度之下，每查处一件案件，对"反腐终点论""反腐上限论""反腐拐点论"等，都是一个有力辟谣，对那些还在窥测方向甚至困兽犹斗的腐败分子，更是一记重锤。

综上所述，中华传统文化有很多优秀内容，但也有一些由于历史的局限，或者已经不适合于当下，或者存在不合理的部分。因此，要有选择地继承，让中华优秀传统文化发扬光大。

（二）结合中国传统物质文化设计研学旅行活动

古代的中国是东方的科学技术与创造活动的发展中心，都江堰的水利设施至今仍在发挥作用，堪称千古绝唱；以指南针、造纸术、印刷术、火药等四大发明为代表，包括陶瓷、丝织等发明创造，都为世界文明做出了卓越的贡献。以后世界各地陆续出现了以水利、风力乃至畜力为动力的各种简单机械，用于提水、运输粮米、金属加工及纺织等；冶炼技术（高炉炼铁）也取得了较大突破。然而这一切都是生产中的直观感受和实践验证，经过总结，不断改进而产生的创新成果。仅以印刷术为例：毕昇活字印刷术首创于 1040 年，通过不断改进，由胶泥活字改进为木活字（元代王祯）；传入朝鲜后，又将木活字改为铜活字；直到 1436 年才改成清晰、易制的铅字，整整经过了 397 年。

中国的工程系统工程历史悠久，都江堰水利工程，几千年之后依旧存在，成为佳话。因此，在中华传统文化课程教学中介绍中国古建筑文化、古典园林文化、古代科技文化，可以帮助学生理解中国古代优秀科技成果，树立文化自信。下面以著名的都江堰水利工程为例分析设计研学旅行活动思路。

公元前 3 世纪，战国时期秦国的水利专家李冰，主持修建了引岷江水灌溉成都平原的都江堰水利工程。这项工程使生活在那里的人们受益 2000 多年，四川由此成为名副其实的"天府之国"。

都江堰水利工程，是全世界至今为止，年代最久、唯一留存、以无坝引水为特征的宏大水利工程。2200 多年来，至今仍然持续使用，发挥着巨大效益，李冰治水，功在当代，利在千秋，不愧为文明世界的伟大杰作，造福人民的伟大水利工程。

都江堰渠首工程主要有鱼嘴分水堤、飞沙堰溢洪道、宝瓶口进水口三大部分构成，科学地解决了江水自动分流、自动排沙、控制进水流量等问题，消除了水患，使川西平原成为"水旱从人"的"天府之国"。目前灌溉区域达 40 余县，1998 年灌溉面积就超过 1000 万亩。

岷江是长江上游的一条较大的支流，发源于四川北部高山地区。每当春夏山洪暴发之时，江水奔腾而下，从灌县进入成都平原，由于河道狭窄，古时常常引起洪灾，洪水一退，又是沙石千里。灌县岷江东岸的玉垒山又阻碍江水东流，造成东旱西涝。秦昭襄王五十一年（公元前256年），李冰任蜀郡太守（太守相当于现在的专员，或大于专员小于省长），他为民造福，排除洪灾之患，主持修建了著名的都江堰水利工程。都江堰的主体工程是将岷江水流分成两条，其中一条水流引入成都平原，这样既可以分洪减灾，又可以引水灌田、变害为利。为此，李冰在其子二郎的协助下，邀集有治水经验的农民，对岷水东流的地形和水情作了实地勘察，决心凿穿玉垒山引水。在无火药（火药发明于东汉时期，即公元25—220年）不能爆破的情况下，他以火烧石，使岩石爆裂（热胀冷缩的原理），大大加快了工程进度，终于在玉垒山凿出了一个宽20米、高40米、长80米的山口（低水位每秒流速3米，高水位每秒流速6米）。因形状酷似瓶口，故取名"宝瓶口"，把开凿玉垒山分离的石堆叫"离堆"。

宝瓶口引水工程完成后，虽然起到了分流和灌溉的作用，但因江东地势较高，江水难以流入宝瓶口，李冰父子率众又在离玉垒山不远的岷江上游和江心筑分水堰，用装满卵石的大竹笼放在江心堆成一个狭长的小岛，形如鱼嘴，岷江流经鱼嘴，被分为内外两江。外江仍循原流，内江经人工造渠，通过宝瓶口流入成都平原。

为了进一步起到分洪和减灾的作用，在分水堰与离堆之间，又修建了一条长200米的溢洪道流入外江，以保证内江无灾害，溢洪道前修有弯道，江水形成环流，江水超过堰顶时洪水中夹带的泥石便流入到外江，这样便不会淤塞内江和宝瓶口水道，故取名"飞沙堰"。为了观测和控制内江水量，又雕刻了3个石桩人像，放于水中，让人们知道"枯水（低水位）不淹足，洪水（高水位）不过肩"。还凿制石马置于江心，以此作为每年最小水量时淘滩的标准。

都江堰水利工程作为早在2000多年前由秦国蜀郡太守李冰领导建设的一项水利工程，沿用至今仍不失为一项高效经济的水利工程。李冰在不存在流体力学和水利学等科学理论的现实情况下，充分利用地形、地貌、流速、流量等自然环境条件因素和匠人的经验技术，劈山、筑堤、建闸，充分发挥自然力的自适应、自调节和辅以人工设施的综合作用,实现了分流、疏导、调节、除砂、防洪、灌溉、动力、航运等多项功能,达到了变水害为水利的综合目的,并沿用至今,堪称是一项大型复杂水利工程的千古佳话。

在带领学生实地参观掌握上述知识后,可以进一步介绍现代系统论理论,就会发现都江堰水利工程建设思路是完全符合系统理论的,这样学生们可以理解到中国传统文化和科技的博大精深。

(三) 结合中国非物质文化内容讲授设计研学旅行活动

非物质文化是指那些非物质形态的、有艺术价值、历史价值的东西,是人类在社会历史实践过程中所创造的各种精神文化。非物质文化大体上可分为3个部分:第一部分,与自然环境相配合和适应而产生的非物质文化,如自然科学、宗教、艺术、哲学等;第二部分,与社会环境相配合和适应而产生的非物质文化,如语言、文字(含楹联等)、风俗、道德、法律等;第三部分,与物质文化相配合和适应而产生的非物质文化,如使用器具、器械或仪器的方法等。非物质文化遗产,是指各民族人民世代相承的、与人民生活密切相关的各种传统文化表现形式(如民俗活动、表演艺术、传统知识和技能,以及与之相关的器具、实物、手工制品等)和文化空间。非物质文化遗产的范围包括:在民间长期口耳相传的诗歌、神话、史诗、故事、传说、谣谚;传统的音乐、舞蹈、戏剧、曲艺、杂技、木偶、皮影等民间表演艺术;广大民众世代传承的人生礼仪、岁时活动、节日庆典、民间体育和竞技,以及有关生产、生活的其他习俗;有关自然界和宇宙的民间传统知识和实践;传统的手工艺技能;与上述文化表现形式相关的文化场所等。

在中国百姓的生活中,以物质和非物质产品为载体的民间传统非物质文化既是中国传统文化的重要组成部分,也是百姓生活的构成要素。中国非物质文化包括中国传统民俗文化、传统戏曲歌舞文化、传统饮食文化、传统对联与灯谜文化等内容,也蕴含着正确的价值观。

在中国传统文化中对联是常常被人们忽视的文化形式。结合这种文化形式开展研学旅行活动更加有现实意义。

对联是写在纸上、布幅上或刻在竹片上、木版上、柱子上、大门两旁墙壁上的对仗语句。挂在或贴在楹（堂屋前的柱子）上的对联，也被称为楹联；后来扩展到门框上的对联甚至其他地方上的对联。

对联的内容包罗万象，形式精巧别致，极富对称之美，为人所喜闻乐见，是雅俗共赏的中国文化。对联兼具诗、词、曲、赋等各种文体的基因，以其和谐的韵律、匀称的对偶、跌宕的平仄把汉字的特点表现得淋漓尽致，读来起伏跌宕、节奏鲜明，极富音乐之美、对称之美、格律之美。

对联因为短小精悍，所以，在内容上具有广泛性，几乎渗透到生活的方方面面。与其他文学形式不同，对联还具有极高的实用性，除了文学欣赏以外，还有装饰环境的作用，其中楹联因为经常悬挂于建筑物的楹柱上起到装饰作用而得名。一副用词工整、格调高雅、意境悠远的楹联往往给建筑物增色不少，甚至得以名传天下。

尽管对联受到很多人的喜爱，但是在文坛上却没有得到应有的重视，被摒弃在主流文体之外。例如，梁启超就认为楹联是"苦痛中的小玩意儿"，徐文长、郑板桥等人在自编诗文集时也将楹联剔除在外。也许人们认为楹联过于短小，难登大雅之堂，只是一种文字游戏而已，导致在谈论传统文化时很少提到对联。

但是，对联已经深入国人心中，在中国历史上还有很多与对联有关的故事。结合研学旅行活动研究对联意义重大。

中国地大物博，风物荟萃，名山名水遍布大江南北，文明悠久、璀璨。在悠长的历史长河中，涌现出了无数蜚声天下的亭台楼阁、园林庙宇。楹联与楼台、庙宇融为一体，成为展示大好河山的平台。

很多历史上的对联，都蕴含着正能量，成为实施研学旅行活动的重要资源，例如，周恩来总理从小就树立了伟大的志向，奋发读书，12岁就发出"为中华之崛起而读书"的誓言。青年时代写下了一副治学联："与有肝胆人共事，从无字句处读书"，这副对联伴随他走过一生，成为他做人和学习的座右铭。在后来的革命生涯中，这副对联一直是周恩来同志为人处世的准则。特别是"从无字句处读书"更为发人深省。这句名言告诉后人，凡事要从实际出发，读书求学也是这样，必须切合实际，切勿好高骛远。

对联不仅可以作为治学的座右铭，还可以言志，胡耀邦巧改武侯祠对联就是很好的例子。

南阳卧龙岗有一个诸葛武侯祠，湖北的襄阳也有一个卧龙岗，到底哪一个卧龙岗才是诸葛亮躬耕的所在？这个问题从明清就开始争论，却一直是公说公有理，婆说婆有理。湖北人认为刘备、诸葛亮在卧龙岗上有了著名的"隆中对"，卧龙岗自然在襄阳；河南人说自古就有"南阳孔明"的说法，卧龙岗自然在河南了。这桩官司一直打到翰林院也没争出个所以然来。直到清朝咸丰年间，湖北襄阳人顾嘉蘅做了南阳知府，他看到两地人民为了卧龙岗的正宗问题争得头破血流，有感而发，写下这样一副对联："心在朝廷，原无论先主后主；名高天下，何必辨襄阳南阳。"意思是说：诸葛亮对蜀汉朝廷忠心不二，鞠躬尽瘁，无论是对先主刘备还是后主刘禅，都是一样。而他的名声早已经传遍天下，至于诸葛亮早年隐居的地方到底是在襄阳还是在南阳，又有什么争论的必要呢？

1959年春天，当时担任共青团中央书记的胡耀邦同志到河南检查工作。途中路过南阳卧龙岗诸葛武侯祠，在武侯祠的大殿门旁，胡耀邦同志看这副对联并听过工作人员的讲解后，对左右的陪同人员说："我来改一改，你们看好不好？"说完就高声念道："心在人民，原无论大事小事；利归天下，何必争多得少得。"几个字的改动，表现出一个共产党人高尚的情操和宽广的胸怀，顿时赋予这副对联以全新的意义。

四、体育研学旅行活动设计

现代体育教育是现代教育的重要组成部分。现代教育理念的进步也对体育教育起到了促进作用，同时体育事业的进步也丰富了体育文化的内涵。

受中国传统文化的影响，中国传统体育在价值上表现出"中庸"的价值原则。在整个体育过程中，强调"养生化"的价值主线，不刻意追求外在的负荷与强度和肌肉的收缩方式。力求通过养生，使人体与自然相互交融，汲取日月精华，天地灵气，而五脏通达，六腑协调。这是对西方体育价值取向上崇尚力量，力求通过体育达到肌肉与力量、速度的完美结合，在整个体育过程中，强调通过剧烈的大负荷肌肉训练，来塑造完美的人体形象理念的有益补充。中国传统体育文化中人与自然、人与社会和谐的思想，对于解决现代竞技体育领域出现的诸如

"无道德竞争"等弊端意义重大。因此,可以结合体育研学旅行活动寻访中华武术圣地,并以此为平台开展武德教育。

研学旅行活动中,教育学生继承传统武德中的精华,把习武同发扬祖国灿烂文化、热爱祖国联系起来,培养强烈的民族自豪感,维护中华民族的尊严;有宽广的心胸,对人民要以礼待人,不恃武伤人,不以强凌弱;对危害祖国、人民利益的坏人坏事要敢说敢管,见义勇为;保持不盗名、不夺利、不保守,乐于助人的美德;尊老爱幼,尊师重道,对前人和长辈的著作和经验要虚心学习,认真钻研,努力学习技术,刻苦练功,培养慈、勇、智、恒的坚强意志,拥有良好的身体素质,文武双全,为社会做出最大的贡献。

100多年来,现代奥林匹克运动会已经成为世界上被关注最多的一个社会事件。每4年一届的夏季奥运会和同样每4年一届的冬季奥运会,在带给人们高水平比赛的同时也成为传播体育文化的载体。现代奥运会承载的体育文化是对古希腊时代兴起的古代奥运会文化的继承和发展。每次奥运会的圣火采集点燃仪式都会把全世界的关注目标聚集在雅典,传统奥林匹克的圣火采集,是一次形象生动的体育文化教育与传播活动。

"更高、更快、更强"的奥林匹克格言,"互相理解、友谊、团结和公平竞争"的奥林匹克精神,都充分体现出"为建立一个和平美好的世界做出贡献"的奥林匹克最终目的。

北京在2008年成功举办了夏季奥运会,即将在2022年举办冬季奥运会,成为世界上第一个同时举办过夏季、冬季奥运会的城市。奥林匹克运动场馆成为学生研学旅行的重要目的地。国家体育场(鸟巢)以及水立方等建筑,在奥运会后成为北京市民参与体育活动及享受体育娱乐的大型专业场所,并成为地标性的体育建筑和奥运遗产。设计者们对这个场馆没有做任何多余的处理,把结构暴露在外,因而自然形成了建筑的外观。

2003年12月24日开工建设,2008年3月完工,总造价22.67亿元,作为国家标志性建筑,2008年奥运会主体育场,国家体育场结构特点十分显著。体育场为特级体育建筑、大型体育场馆。主体结构设计使用年限100年,耐火等级为1级,抗震设防烈度8度,地下工程防水等级1级。2014年4月中国当代十大建筑评审委员会从中国1000多座地标建筑中，综合年代、规模、艺术性和影响力4项指标，初评出20个建筑，最终由此产生十大当代建筑。北京鸟巢——国家体育场为初评入围建筑之一。作为北京2022年冬奥会冰上项目场馆，国家体育场改造工程将于2020年年初开工。

奥林匹克精神是奥林匹克运动的实质内容。《奥林匹克宪章》指出，奥林匹克精神就是相互了解、友谊、团结和公平竞争的精神。通常它包括参与原则、竞争原则、公正原则、友谊原则和奋斗原则。参与原则是奥林匹克精神的第一项原则，参与是基础，没有参与，就谈不上奥林匹克的理想、原则和宗旨等。结合体育研学旅行活动可以更好地帮助学生理解"参与比取胜更重要"的含义。通过研学活动可以让学生领会顾拜旦的名言："奥运会重要的不是胜利，而是参与；生活的本质不是索取，而是奋斗。"

设计者和指导教师应当努力通过研学旅行活动帮助学生理解如下理念：竞争是奥林匹克运动的基本形式，也是推动人类社会进步的基本形式之一。人类在竞争中，勇于向世界强手和先进水平挑战，不断超越自我、超越他人，有所发展、有所创新、有所前进。公正原则是参与奥林匹克竞争的行为规范。奥林匹克精神蕴含了公正、平等、正义的内容，承认一切符合公正原则的优胜，唾弃和否定一切不符合道德规范的行为。公正原则使奥林匹克精神具有了极大魅力。友谊原则是奥林匹克运动的目的。奥林匹克运动不仅仅是一项单纯的体育活动，其最高目标，是要通过体育活动的手段，把世界上不同国度、不同种族、不同语言、不同宗教信仰的人凝聚在一起，使大家相互交往，增进了解和友谊，进而达到世界团结、和平、进步的目的。奋斗原则是奥林匹克精神的灵魂。奋斗精神是人类得以繁衍生息、繁荣昌盛的重要品质，是人类最伟大、最可称颂的内在力量。赛场的奋斗是人类奋斗的一个缩影。奥林匹克精神要求人们具有坚忍不拔的进取精神和克服一切困难的英雄气概。

奥林匹克精神是奥林匹克运动文化意识形态的本质内容。人类的各项竞技运动成绩和运动纪录，是社会文化的一部分。在这部分社会文化的积累、更新和创造过程中，奥林匹克运动起了重要作用，众多凝聚着人类智慧和体能的历史记载，多半是经过奥运会确立的。奥林匹克运动属于全人类，只有帮助学生真正了解奥林匹克精神，才能使学生真正拥有奥林匹克精神，为理解体育活动与文化自信打下基础。因此，可以建设体育研学旅行基地，并以基地为载体，结合研学旅行活动举办各类中小学生体育比赛，提高竞技水平并培养学生爱国主义和集体主义精神。

五、艺术鉴赏研学旅行活动设计

艺术鉴赏教育是许多学校面临的新课题，构建一个相对独立又与原有教学体系相结合的研学旅行体系是实现艺术鉴赏教育目标的关键。因此，笔者认为：通过指导学生课外艺术鉴赏活动，促进学生成长是开展研学旅行的有效途径。

随着经济的发展，经济在文化事件中的影响力越来越大，一些不利于青年人世界观形成的事件经常被娱乐界热炒。如何在突发性出现的第一时间，向学生传播正确的理念，是学校教育工作者的重要责任。然而，一场美国小调的评选，可以成就数以亿计的利润，一晚没有营养的喊麦，可以囊括数十万现金的打赏。赚钱无可厚非，可是，钱赚了，留下的问题谁来买单？学生拼命地对着电脑练饶舌的问题谁来解决？学生的"偶像"有违道德的行为，谁来负责为学生做出解释？要解决上述问题，就要分析问题的根源，对学生开展全方位教育。

当下中国，无论是电视上还是网络上，某一区域的部分亚文化尤其盛行，由此也助推了一些不良因素的流行。用文化比较的理论分析上述现象，不难发现所谓某区域的部分文化形式与美国嘻哈文化非常相似。探讨嘻哈文化不难发现，这种文化的发源地是非洲，被带到美国曼哈顿地区并在那里进行传播。因此，可以说以打击乐（DJ）、说唱（MC）、街舞、涂鸦为载体的嘻哈文化是从非洲带到美国的地方文化、街头文化，并不是美国的主流文化。

学校教师，如果人云亦云地将这种一个地区部分人表现出的文化形式当作该地区文化就会显得偏颇而没有说服力。就像说每一个行政区域内都会有好人有坏人一样，每一个行政区域内的文化现象也都会有高尚有低俗，某些地方的某些组织、某些人把它进行市场运作、推广开来，从而导致这些小众群体文化的虚假繁荣本来也不应该大惊小怪。

中国，历来不缺文化，但近代以来由于一段时间的落后，一部分中国人缺乏文化自信。其背后深层次的问题，是我们的文化表现方式出问题了，我们对传统文化的认知理解出问题了，我们对价值导向的把控程度出问题了，最关键的是我们的思想认识出问题了，我们对人民群众的文化服务出问题了。关注了不该关注的，支持了不该支持的，传播了不该传播的，给予了不该给予的，脱离了不该脱离的。

要建立文化自信，就要兼容并包，在这个过程中，就要整合多种力量、利用多种手段帮助学生建立文化自信，绝对不能把这个问题简单推给政治课教师了事。

通过前文的分析不难发现，让非艺术专业背景的教师完成对上述文化现象的解读是有一定难度的。虽然在学生思想政治教育工作领域，艺术教育工作者不是第一责任主体，但是，艺术教育工作者完全可以利用自身的优势，通过指导学生开展艺术鉴赏类研学旅行活动传播正能量。

要在保证指导学生课外艺术鉴赏类研学旅行活动的效果，建设艺术鉴赏类社团是重要的保障。

学校的学生社团组织是学生自愿组成，为实现会员的共同愿望，按照其章程开展活动的非营利性群众组织。学生社团的活动以保证完成学生的学习任务和不影响所在学校正常教学秩序为前提，以有益于学生的健康成长和有利于学校各项工作的进行为原则。学生社团组织和活动的目的是活跃学校的学习气氛，提高学生自己管理自己的能力，丰富学生的课余生活。学生社团可以根据学校的不同情况利用学生的课余时间开展各种形式的活动，以交流思想、切磋技艺、互相启迪、增进友谊。

在学校中，一般由同级党组织授权团的组织对学生社团进行管理和具体的指导，学生会应该积极配合和支持学生社团的工作，丰富校园文化生活。这要求学生社团必须自觉接受学校团委领导，必须遵守宪法、法律以及学校各项规章制度。社团活动不得妨碍学校各类正常工作、教学、生活秩序。学生社团的会员应当是具有正式学籍的在校学生。学生社团应当适应社会发展需要，积极开展健康有益、丰富多彩的课外科技文化艺术活动，促进学生德、智、体、美、劳全面发展。

依托艺术鉴赏类社团开展艺术鉴赏类研学旅行活动，还需要防止学校社团中出现过的问题。在中国当代大学里看似娱乐化的学生社团活动，也容易成为西方思潮和习惯传播的温床。"动漫社"学生身着带有典型日本暴力文化色彩的服装行走于校园，"感恩节""万圣节""圣诞节"等大量带有西方宗教文化特点的节日庆祝成为一些社团的例行活动，上述现象和前文提到的社会现象都必须引起教育工作者的高度重视。因此，开展学生社团活动帮助更多学生掌握艺术鉴赏方法，形成与艺术鉴赏类公共选修课教学互为补充的教育平台，挤压对学生有负面影响事物在校内的空间，是符合时代发展的选择。

艺术鉴赏类社团是学生社团的一个重要组成部分，教学型学校的实际状况决定了学生艺术鉴赏类社团的发展模式。在扶植学生艺术鉴赏类社团的过程中，应该讲究方法、寻求特色。

在学生艺术鉴赏类社团建设与组织学生研学旅行活动工作中，要做好学生教育和实践活动两方面的工作。

博物馆、美术馆、剧院等机构作为进行公共艺术教育的重要阵地是学校艺术教育的有益补充。充分利用上述资源开展艺术鉴赏活动，是帮助学生提高艺术鉴赏水平，进而树立文化自信的有效途径。然而，对于大多数艺术奖赏水平普通的人，参观博物馆、美术馆时，如果选择自行参观是比较难以理解很多艺术作品的内涵的。虽然，很多博物馆、美术馆组建了志愿者讲解团队，但是，也会出现志愿者讲解时间固定，在非讲解时间参观没有机会听讲解的情况。

组织学生研学旅行活动，集体去文化艺术类博物馆参观并为学生进行专业讲解，可以为学生提供更加形象、生动的学习场所和学习机会。

剧院作为一个城市传播文化艺术的场所和市民欣赏艺术的殿堂，代表着一座城市乃至一个民族的文化品位，除演出、服务、交流等传统功能外，开展公共艺术教育既是剧院本身发展的需要，也是政府建立公共文化服务体系的需要。剧院可以通过举办与演出相配合的拓展活动、艺术普及教育活动、公益活动、配合学校艺术教育的活动、走出剧院的活动等，进行公共艺术教育。因此，组织学生观摩戏剧是拓展学生学习空间的另一有效手段。在具体的研学旅行活动中，可以组织学生去剧场观摩戏剧，也可以邀请艺术团体进入学校演出，在学校开展剧场教育。

第六章 研学旅行的环境建设与人才培养

营造良好的内外部环境和构建研学旅行人才培养体系是开展研学旅行的基础和关键因素，接下来本章将讨论上述问题。

第一节 研学旅行的环境建设

研学旅行是一个变动、开放的系统，它不仅需要培养、开发和打造内部结构要素，而且需要培养外部结构的要素。营造良好的研学旅行内外部环境需要从如下几方面入手。

一、营造适合研学旅行事业发展的文化土壤

社会思想文化土壤是一个民族的精神特质和文化氛围，无论是主体和客体，还是中介因素，都浸润其中。它是主体、客体和中介的社会规定性，即实践的内部结构和它的思想文化土壤具有同质性。因此，一个民族的社会思想文化土壤是否蕴涵着创新的因子，对于一个民族的发展具有关键性的作用。

中国传统文化以儒学为核心。以儒学为核心的中国传统文化有很多积极的因素，但是也包含着影响研学旅行活动推进的消极因素。由于历史上的一些教育传统，加上一些地方追求升学率，导致一些学校希望学生追求"标准答案"，把学生培养成答题机器，不愿意开展体验式学习等实践活动。

要解决这一问题，首先，要解决思想教育工作者思想观念的问题。学校领导和教师应当认真学习教育部和国家发展改革委等11部委印发的《关于推进中小

学生研学旅行的意见》，认识到开展研学旅行的重要性。

其次，要结合新高考和地区中考政策提出相应的实际教改措施。随着全国高考试点改革的推进，上海、浙江、北京、天津、山东、海南等省份相继开始实行新高考政策。2014 年 9 月发布的《国务院关于深化考试招生制度改革的实施意见》，新高考改革下设计的"3+3"新高考选科模式，赋予了学生充分的自由选择权，可以自主决定科目组合。与学生自主选科相对应，试点地区的高中开始全面推进"走班制"教学和特色化办学。新高考不分文理，学生自由组合高考科目，这样对学生素质要求更加全面。必须通过研学旅行等活动提高综合运用知识的能力。不仅如此，一些教育发达地区也开始进行中考中招与初中教学改革。例如北京市中考改革就将综合实践活动将纳入北京中考成绩，不再只以考试成绩来评价学生。研学旅行是综合实践活动的典型形式，自然会引起学校领导和老师的高度重视，也倒逼学校出台相应的实际教改措施。

再次，培植多元参与的研学旅行组织模式。研学旅行是一种典型的教育活动，但是，这种活动又不可能由学校独家完成，学校要充分论证、征询家长意见，与研学旅行目的地和机构合作完成。

最后，扩大国家和地方投入。国家和地方投入的研学旅行政策环境。政治是经济的集中体现，政治上层建筑的核心是国家，国家在政策上的倾向就代表了国家可控经济资源、制度资源、知识资源和人力资源的流向。因此，国家和地方教育部门的投入是促进研学旅行的重要环境因素，为研学旅行提供直接的人力、物力和财力的支持。虽然国家和地方教育部门不会直接介入研学旅行活动本身，但是却在一定程度上决定了研学旅行的成败。

二、建立有效研学旅行的中介系统

所谓中介，是指在事物自身中对立双方相互联系的一切居间因素和事物自身变化、发展的一切过渡环节。中介是事物本身所具有的、本质的、必然的因素和环节，它不是外在的、强加给事物的。

黑格尔曾说："认识是从内容到内容向前转动的。首先，这种前进是这样规定自身的，即它从单纯的规定性开始，而后继的总是愈加丰富和愈加具体。因为结果包含它的开端，而开端的过程以新的规定性丰富了结果。普遍的东西构成基础；因此不应当把过程看作是从一个他物到另一个他物的流动。绝对方法中的概念在它的他有中保持自身；普遍的东西在它的特殊化中、在判断和实在中，保持自身；普遍的东西在以后规定的每一阶段，都提高了它以前的全部内容，它不仅没有因为它的辩证的前进而丧失什么，丢下什么，而且还带着一切收获和自己一起，使自身更丰富、更密实。"

研学旅行是一个系统工程，它的丰富和发展不仅需要培养主体条件，开发客体资源，而且还需要打造中介系统。

中介是辩证法中的重要范畴，具有丰富的含义。中介最基本的含义是间接性。具体地说，各种中介又存在一定差异。"当我们从相对静止的角度研究事物联系时，引进了中间环节的概念，当我们从运动的角度、从事物发展过程来考察事物时，又可以把它叫作中间阶段或过渡阶段。中间环节、中间阶段，都是中介的不同表现形式，其实质是一致的"（陶富源，2001）。

实践工具系统主要是研学旅行的主体与自然客体相互作用的物质中介。它的内容非常广泛，其中研学旅行所需的工具是核心部分，除此之外还包括进行研学旅行所必需的基础设施、运输系统、储存系统、包装设备、各种容器，以及富有高科技含量的统筹性的自动控制系统和信息传递系统等，操作这些物质资料的方法也是必要的因素。

语言工具系统是人与人交往实践的中介。首先，语言是思想的物质载体，它承载了人和整个客观世界的观念性关系。马克思说："思维是……现实生活的表现""语言是思想的直接现实""思维本身的要素，思想的生命表现的要素，即语言，是感性的自然界"。人类的思想和知识全面体现了人与自然、人与人的关系，它们不仅反映了客观世界的现象，而且反映了客观世界的本质和规律。但是思想必须借助语言这个物质工具才能得以存在和表达，因此在现实性上，尽管语言不是思想本身，但是思想和语言无法分离，语言是思想的直接现实。同时，语言是人与人交往的中介，体现了人类社会性的存在方式。人与人的交往内容丰富，包括经济交往、政治交往和精神交往等。无论什么交往，都需要思想的表达，都必须以语言为中介。而且语言是人与人之间的纽带，是人实现社会化的重要手段，维系着社会组合的力量。

思维工具系统是精神生产实践的主体与精神客体相互作用的中介。思维工具系统包括两个方面的要素：一是思维形式，包括概念、判断、推理等；二是思维方式，即各种思维方法的总和，它是思维活动运行的规则和程序。关于研学旅行的典型思维工具前文已经做了介绍，这里不做再次陈述。

三、普及旅行活动所需的安全知识

（一）旅行活动中影响安全的主要因素

开展研学旅行活动，安全是关键。旅行活动包括集体出行和个人出行，而研学旅行活动属于集体出行，需要做好两方面工作。一方面学校和辅助学校开展研学旅行的机构要设计完备的安全预案明确安全保障措施。另一方面，大力普及研学旅行活动所需的安全知识，提高学生的安全意识。

旅行活动中，个人出行涉及的问题更多，以一般旅行活动所需的安全知识对学生开展全面教育，不仅可以为开展研学旅行创造更好的安全氛围，而且可以全面提高学生安全素质，为学生自己独立或家庭出行时安全保障提供借鉴。

要确立旅行中的安全总体对策，就需要了解旅行中的安全隐患。旅行中典型的影响安全因素包括如下几种。

第一，交通安全隐患。主要指旅行者在马路上行走随意穿行，不走人行横道，闯红灯；乘坐不具有营运资格的车；骑自行车、电力车或助力车时车速过快，不注意避让过往行人、车辆等问题。

第二，疾病、卫生安全隐患。主要指旅行者初到陌生环境，水土不服，患上感冒等日常疾病；由于高温、高湿、蚊虫叮咬等原因引起皮肤病；作息时间不合理，过度劳累，身体虚脱；在不具备卫生许可条件或条件较差的场所用餐；食用过期变质的食品、饮用生水，食用和饮用野外采集的食物和水源，发生肠道传染病；暴饮暴食，引起肠胃不适等问题。

第三，交往安全隐患。主要指参加旅行者不了解或不尊重当地的风俗与礼仪；随便与陌生人打交道；与他人产生误解，引起矛盾甚至冲突；因参与酗酒、赌博等行为与他人发生纠纷；围观打架斗殴行为，和他人发生冲突；卷入各种群体性事件，被人利用和胁迫等问题。

第四，环境安全隐患。一方面包括由于通信不畅造成的安全隐患；另一方面，由于不熟当地灾害环境，导致的隐患；私自下河游泳造成溺水身亡；被狗等动物咬伤；参与大型社会活动时，人群发生拥挤、踩踏并可能由此产生伤害；活动中发生火灾等突发事件等问题。

要解决上述隐患需要采取如下保障措施，确保旅行活动顺利开展。

第一，做好安全思想和信息准备。一方面，要牢固树立"安全第一、预防为主、综合治理"的思想，贯彻"预防为主"的方针，加强自身修养，把安全摆在工作和学习的首位。另一方面，要做好调研工作，避免隐患，防止上当受骗。

第二，遵纪守法，预防交通事故。学生在旅行开始前要加强交通法则的学习，树立交通安全观念。乘坐交通工具，要注意上下车（船、飞机）的安全，遵守城市交通规则；行走和骑自行车要自觉遵守交通规则，严禁酒后或无证驾驶机动车。若发生交通安全事故，要依靠当地交通安全管理部门，依照交通安全法律、法规进行妥善处理。

第三，提高治安、消防意识。注意保管好自己的财物，装贵重物品的背包不离身；队员之间互相熟悉携带的行李，互相照看；外出行走时注意防范飞车抢夺、抢劫等行为，尽量不佩戴首饰；研学活动后应及时返回驻地，夜间宿舍寝室门要及时上锁；尽量避免夜间外出或夜不归宿，如遇例外情况，应向团队的同伴告知外出理由、前往地点、返回时间并确保联络畅通。在旅行活动中严禁吸毒赌博、打架斗殴等行为，要互帮互助，自尊自爱，自觉维护学校声誉；不看不健康的书刊、音像；尽量不接触陌生人，如有外出活动需接触的，应结伴或请接待单位安排人员随行，防范不良后果；加强安全用火、用电的安全意识，掌握基本的安全消防知识，做到"三知"（知火灾的危险性、知防火防爆知识、知灭火知识）"四会"（会报警、会使用消防器材、会扑灭初期火灾、会逃生自救）。

第四，预防疾病，防止食物中毒。尽量避免在高温、高湿、高热等环境下开展活动，如无法避免，应做好防护措施，备足饮水，备好防暑、防热、防蚊、防虫药品，努力减少中暑、蚊虫叮咬等引起的疾病和其他不利情况的发生。合理安排作息时间，保证睡眠；避免高强度活动，如无法避免，应保证活动后充分休息。注意饮食卫生，选择新鲜、安全的食品，增强食品安全防范意识；不要到无证照的饭馆和小摊就餐；不购买"三无"食品；不食用过期的食品与饮料；少食用生冷食品，少饮用生水。要自带一些常备药物，出现一般常见病可对症下药，严重时立即到医院就诊。

第五，注意交往的技巧。学生要遵守旅行所在地的风俗习惯，避免因违背风俗习惯而导致的冲突；注意文明礼仪，自我保护；要学会与人交往，谈话态度要好，要谦逊谨慎，问路问事要有称谓；一般不要和陌生人说话，特别是和一些"十分热情"的陌生人交谈或结伴而行；遇到不顺心的事情，受到不公道的礼遇，要忍耐，要善解人意，学会换位思考。

第六，保障联络、通信顺畅。参加旅行活动前，学生应征得家长同意，告知家长目的地地点、活动内容、活动时间、带队教师的联系方式等信息，以便随时联系；学生应带好手机、充电器等设备，手机话费充足，确保联络畅通；保存好带队教师和队员的手机号码，确保联络顺畅；了解接待单位的联系方式、地理方位；熟悉掌握110、120、119等紧急电话的使用方法。

(二) 旅行活动中突发事件的处理技巧

旅行期间遇到突发事件时，要保持沉着冷静，保护好自身安全，及时与有关救援部门联系，并在第一时间向相关人员和学校汇报。同时，需要熟悉如下紧急处理技巧。

第一，冷静处理意外和突发事件。发生交通意外，立即拨打110，并做好现场的保护工作。随后将交通事故告知老师和学校，并配合当地交管部门处理事故。发生食物中毒事件，或队员发生重大疾病，或因意外严重受伤，立即拨打120，及时到当地医院就诊。如遇队员溺水，不习水性的人不应入水施救，应大声呼救，立即寻求帮助。

第二，理性面对自然灾害。遇到暴雨、洪水、泥石流、山体滑坡等自然灾害，要保持镇定，快速转移到较为安全的地带，必要时报警，并服从当地有关部门的指挥。如有人不幸遭遇雷击，应马上进行抢救，若伤者虽失去意识，但仍有呼吸或心跳，则自行恢复的可能性很大，应让伤者舒适平卧，安静休息后，再送医院治疗。若伤者已停止呼吸或心脏跳动，应迅速对其进行口对口人工呼吸和心脏按压，在送往医院的途中要继续进行心肺复苏的急救。

第三，稳妥处理"失联"事件。若与外出人员失去联系，必要时可拨打110，寻求当地警方帮助。

第四，机智化解冲突。若与他人发生冲突，必须保持冷静、忍让、克制，如与社会人员发生争吵甚至斗殴，现场同学应及时制止，防止事态恶化；如不听劝阻，应迅速联系公安部门共同处理。

（三）在旅行活动中远离暴力事件

青少年学生，血气方刚、心理和思想尚未完全成熟，往往可能在社会交往中由于性格不合、利益冲突、见解不一、言语冲突、情感冲突等原因，引发各种各样的矛盾和纠纷；在处理矛盾和纠纷时，可能会出现不理智行为，无视他人危险，出现打架斗殴现象，对他人造成人身安全伤害。

青年人的打架斗殴现象往往呈现如下特点：首先，引发事件的导火索可能是一些小事，事件起因简单。在人的社会生活中，难免会发生一些纠纷和矛盾。独生子女个性张扬，自我意识强烈，很多人受不得半点委屈，这直接导致他们在与人相处时，很少站在别人的角度去思考，遇到问题时往往各执己见，互不相让。有时，男同学在球场上的一个小摩擦，就可能演变成一场打架斗殴事件。其次，引发冲突的事件往往十分突然，无规律可循。学生寝室、教室活动空间不大，又使突发事件发生的概率加大。再次，青年人对解决冲突的方法有错误的认识。青年人由于涉世未深，容易感情用事，很多的时候是经不住现场气氛的煽动，或经不住其他人的鼓动做出错误的举动，导致严重的后果。在一些年轻人的观念中对待矛盾纠纷的一个错误认识就是用暴力解决问题。最后，冲突事件可能造成严重的后果，一方面，打架斗殴可能对参与者造成身体上的伤害，轻则受皮肉之苦，重则危及生命；另一方面，打架斗殴可能影响参与者的前途，在校生轻者容易受到校规的处分，被记录到档案中影响未来就业，重者可能触犯国家法律，直接断送学业。

青年人打架危害严重，主要表现为如下几方面：首先，严重损害学生的美好形象。虽然高校不断扩招，但是学生仍然是当代相对优秀的青年群体，也应该成为社会文明礼貌的楷模。如果因为发生纠纷就诉诸暴力，互相斗殴，不仅损害个人人格和尊严，而且容易影响和损害整个学生群体的美好形象。其次，打架容易破坏社会稳定，影响安定团结。大学是社会的组成部分，高校的稳定与整个社会的稳定密切相关。校园治安秩序的好坏，直接影响到社会的秩序。如果大学校园经常出现打架斗殴事件，造成人身伤害，势必影响校园稳定、危及师生生命财产安全，绵延到校外影响更坏。这样，不仅会破坏校园治安秩序，影响同学之间的团结，还会损害学校形象，影响社会安定的局面，严重的还会造成涉外影响，损害学校和国家在国际上的形象和声誉。最后，严重的打架事件还会变成治安、刑事案件，后果难以估计。

要防范打架事件需要注意以下几点：首先，要对解决问题的方法有正确认识，不用暴力，尽量采取和谈协商的办法化解矛盾。其次，遇到事情要宽容大度，不莽撞。不管纠纷因何而起，都要持冷静态度，防止情绪冲动。努力让自己具备容忍的气度，虚怀若谷；对于可能发生摩擦的小事，要宽容，妥善处理。牢记"忍一时风平浪静，退一步海阔天空"，大家互相忍让，很多纠纷就可能不会发生。再次，以德服人。在与他人相处时，诚实、谦虚是加强团结、增进友谊的基础，也是消除纠纷的灵丹妙药。革命家、教育家徐特立说过："任何人都应该有自尊心、自信心、独立性，不然就是奴才，但自尊不是轻人，自信不是自满，独立不是孤立。"培根说过："经得起各种诱惑和烦恼的考验，才算达到了最完美的心灵健康。"高尔基也说："每一次的克制自己，就意味着比以前更加强大。"具备诚实、谦虚的品质，在发生纠纷的时候，就比较容易认真听取他人意见，进行认真的自我批评，宽容他人的过失，处理好相互间的争执。最后，确保语言文明，避免冲突。很多发生在年轻人中的纠纷是由口角引起，避免口角就是从语言文明开始的。和气、文雅、谦逊的语言十分重要，说话态度和蔼，语气温和，使人感到温暖亲切；交谈中应对得体，充分尊重对方，不自以为是，不狂妄自大，态度诚恳，语言朴实，虚心谦恭，不强词夺理，不盛气凌人，不浮夸粉饰，不哗众取宠就可能把冲突消解在萌芽状态。

如果遇到他人打架，最好做到如下几点：首先，遇到不熟悉的人打架，不围观，不起哄，不介入任何一方。其次，遇到熟悉的人，如亲友、同学与别人打架，应尽力劝解，但是要注意不可偏袒。最后，当有关部门调查打架情况时，现场目击人要勇于出来提供线索和证据,以保护受害人的合法权益,使肇事者受到应有的惩处。

(四) 交通与旅行安全注意事项

旅行活动要走出校园甚至去另外一个城市。因此,注重交通与旅行安全意义重大。在交通与旅行中应当注意乘车时财物安全、住宿安全以及常见病的防治。

1. 财物安全

在使用公共交通工具时需要注意的犯罪手段有如下几种:第一,利用相似物盗窃。盗窃者往往事先物色好目标,在乘客的行李(旅行袋、提包、密码箱)旁边,放置一个相似的行李(里面装上一些极不值钱的东西),然后寻找机会或制造机会进行调包。如果当场被失主发现,犯罪分子则会很"客气"地向你赔礼道歉,佯装拿错而掩盖自己的罪行。第二,利用车(船)到站(码头)上下旅客较多且拥挤时,或车船上发生纠纷吵闹、乘客与送行者话别时,进行盗窃。同时,有的盗窃者还会有意制造混乱,然后伺机行窃。这些都需要引起注意。例如,在普客列车乘务员查验车票时,一男青年自称没有买票,钻到座位底下躲避检查,在场的旅客只觉好笑。后来才发现,一位旅客放在座位底下的旅行袋被割开,里面的钱及票证被盗走。第三,与乘客拉关系,套近乎,设诱饵,骗取信任,趁便利之机或专门寻找便利的时机,随手拿走人家的东西,盗走财物。还有的设圈套、花言巧语、骗取钱财。

要保障财物安全需要做好如下工作:首先,时刻提高警惕。"害人之心不可有,防人之心不可无",时刻提高警惕是需要做的。同时,一旦发现有人违法犯罪或行窃,要勇敢机智地取得群众和乘务人员的支持,同犯罪分子做斗争。其次,做好财务保障措施。尽量把物品集中放在可以经常照看得到的地方,使物品随时在你的视线内,不要乱堆放或放得过于零散。要事先准备好零用钱,将暂时不用的钱及贵重物品清点整理好,放在身上或其他可靠的地方,如身上穿着的内衣口袋里。不要当众频繁地打开钱包,以免暴露给他人。再次,在上下车船时提高警惕。上下车船时提前做好准备,把行李归拢在一起,清点一下。车(船)到站(码头)时,不要慌张,不用拥挤。最后,发现问题及时举报。当已经知道谁是作案者或有可疑人员时,要及时大胆地向车(船)上公安人员或乘务员报告、检举,并争取其他旅客支持,从而制服违法犯罪分子。

2. 住宿安全

要保障住宿安全。首先要选择合适的住宿旅馆。一般说要注意两方面:一方面,交通要方便。旅行者时间比较紧迫,往往一天里要逛好几个景点,所以交通问题要放在重要位置。另一方面,收费要经济。在同一住宿条件下,收费便宜的旅店往往交通不方便,需要努力找到其中的平衡,尽量选择合适的旅馆。

入住之后需要注意如下问题:第一,随身带好身份证。第二,贵重物品随身携带,离开房间时关好房门和窗户。第三,住宿期间旅客如有贵重物品而又携带不便,可交到服务台办理保管手续(一般的星级宾馆都有这项服务)。第四,不要躺在床上吸烟,防止因烟灰掉落在床上而引起火灾。第五,不要携带易燃易爆品、放射性危险品带进入酒店。第六,不要从事嫖娼、吸毒、赌博等活动。第七,一旦发生失窃,尽快通知服务台并报警。

3. 旅行途中易发生的疾病及简易预防治疗方法

旅途中易发的疾病有晕动病、急性胃炎、伤风感冒、中暑、痛经等。

(1)晕动病,也叫"运动病"。人在乘车、船、飞机时发生头晕、恶心、呕吐等现象,其中少数人可能发展到面色苍白、大量出冷汗,甚至虚脱不省人事。对此病应以积极预防为好,在乘车、船、飞机前30分钟口服防治晕动病的药物,也可以口含一片生姜或一只话梅,或在前额、太阳穴处涂点清凉油(或风油精),或在肚脐上贴一张伤湿止痛膏,或自己用手指按压对侧内关穴或第二掌骨侧的胃穴,均有一定的防治效果。

(2)急性胃炎。引起急性胃炎的原因较多,如吃了被细菌或其毒素污染了的食物,饮食过量和酗酒,使用对胃有刺激性的药物,方法不当等均可引起此病。旅途中预防急性胃炎主要是注意饮食卫生,少吃油腻、生冷和不易消化的食物,不要吃得过饱,多喝开水或茶水,同时要休息好,睡眠充足。一旦发病,要及时吃药治疗。

(3)感冒。感冒主要表现为鼻塞、打喷嚏、流清涕、咽部发痒,有的伴有畏冷、发热、食欲不振、头痛、咳嗽、胸闷及全身酸痛等。对此病的预防,要随气温变化及时增减衣服,防止受凉,经常吃些生姜、大蒜、食醋等。治疗中要注意休息好，多饮开水或茶水，忌冷饮冷食。

（4）中暑。遇上闷热潮湿的气候，人体散热困难，随着活动量增大，体内热量增加，就容易使体内热量贮积过多，当超过人体耐受限度时会发生中暑。表现为头痛、头昏、恶心、呕吐、耳鸣、眼花、心慌、气短、持续高热不退、无汗，严重者伴有昏迷抽风等症状。如有头昏、恶心等中暑征兆，应立即到通风阴凉处休息，服用十滴水，口含人丹，或用清凉油、风油精涂太阳穴，一般能很快好转；较重者应平卧，用湿冷毛巾盖在头部，用冷开水或白酒擦身，同时用扇子扇风，促进皮肤降温，或给病人喝些盐凉开水、清凉饮料等，必要时送医院治疗。

（5）痛经。女生在旅途中，由于生活紧张、身体劳累、住处湿冷、饮食过凉等原因，可引起或加重痛经。痛经发作时，应卧床休息，精神放松，下腹部可放置热水袋，用热水洗脚，自我按压血海穴（在膝关节内上方约两寸，屈膝时肌肉隆起处），有很好的止痛效果。腹痛较重时，应就医治疗。

第二节　研学旅行的人才培养

开展研学旅行，人才是关键。加强人才培养是保障研学旅行可持续发展的关键。研学旅行涉及学校、基地、机构，所需的人才涉及上述3类单位的工作人员，也包括未来可能成为上述单位员工的大学生。要做好人才培养，就要做好在职人员继续教育和相关专业大学生培养两项工作。

一、构建一体化在职培训课程促进研学旅行发展

所谓一体化课程，就是将研学旅行学员所需要的能力，作为一个系统去考量，而后设计一个前后关联紧密的课程体系。因此，结合研学旅行工作，整合培训内容，开发一体化在职培训课程是切实可行的。下面就从研学旅行能力一体化培训建设思路和具体内容两个角度进行分析。

（一）开发建立研学旅行能力一体化培训的思路

随着时代的发展，研学旅行学员应该是既具有很强的自主意识，又有良好的

合作精神。因此，开发研学旅行能力一体化培训课程时应当关注主要如下3方面。

首先，在开发研学旅行能力一体化培训过程中，要对与研学旅行学员能力培养密切相关而在以往高校专业课程又很少涉及观察能力、想象能力、联想能力加强训练，培养学员的逆向思维、发散思维，提高学员的思维灵活性。营造有利于激发学员潜能的心理环境，促进学员利用类比、举一反三，拓展思路，同时提高学员思维的系统性，从而全面提高的学员综合素质和能力。

其次，开发研学旅行能力一体化培训的目标，是使学员可以树立正确的理想，善于独立思考，表达自己独到的、有创新性的观点，并能够轻松表达思想，为具体的工作服务。因此，培训目标应定位在培养学员应用能力上。培训教师应重点培养和激发学员的学习兴趣，进而，帮助不同基础的学员发现自身不足，并从方向上和方法上引导学员去查资料，补充其参与研学旅行所欠缺的知识。然后，还应鼓励学员积极设计活动、大胆地展示自己的才华和学习成果。

最后，在教学中激发学员参与意识是促进学员能力逐步提升的关键。兴趣是最好的老师，培训教师在教学过程中首先要培养学员参与活动的兴趣。因此，培训教师应该以一个组织者和学员朋友的身份进入培训环节，减少学员的压力，鼓励学员大胆发表个人观点。不仅如此，培训教师还应该运用多种教学手段和方法（如案例教学、头脑风暴法等）尽可能多地为学员创造表达的机会，鼓励学员大胆地讲。在此基础上，教师应该根据研学旅行所需的非专业能力特征及时发现典型和个别问题，在教学过程中进行分析、指导，以促进不同基础的学员在原有基础上迅速提高。这样，就可以抓住影响培训质量的关键环节，实现提高教学质量的目标。同时，教师还可以要求学员自己设计活动情境，自己策划实施方案，自己记录模拟实施过程，在此基础上让学员总结成果。同时，可以在培训结束后开展研讨会、选择优秀案例进行中心发言，教师进行点评。在此基础上，学员可以根据教师点评并结合自身体会，修改方案并写出心得体会。这样，就能让学员眼、手、脑并用，看、想、写结合，达到消化、深化、优化、理解的目的，使学员由"粗"到"精"，获得独立分辨、逐步掌握、优化信息的方法，提高学员通过自学选择信息、表达思想和总结问题的能力。这样，就能够使学员获得顺畅地表达自己观点的机会，进一步提高教学效果。

如何能在教学中更好地保证学员学习到与未来策划研学旅行活动相关知识和能力？建立研学旅行能力一体化培训计划是关键。也是实现研学旅行工作从"是什么"向"怎么做"有效途径。研学旅行能力一体化培训是培养研学旅行学员能力的系统方法。一般来说，研学旅行能力一体化培训计划应当具有以下重要特征：首先，研学旅行能力一体化培训计划是围绕研学旅行学员工作能力知识体系进行组织的，但需要重新调整培训计划，促使人才培养目标要求的各种能力之间有机联系和相互支持，而不是各自分离和独立。其次，研学旅行能力一体化培训计划将研学旅行工作中涉及的各种能力进行有机结合，使其形成相互支持的培训体系，减少专业学科知识与这些能力之间可能出现的矛盾。最后，在研学旅行能力一体化培训计划中每个培训课程都应当明确规定关于研学旅行人才能力的学习效果，以便为学员将来自我学习打下良好的基础。研学旅行能力一体化培训计划形成一个总体效果大于各部分相加的教育系统，这个教育系统由相互联系的各种元素的协调构造而成，每一元素都有各自明确的功能，所有的元素共同作用以确保学员达到所设定的预期学习效果。

构建研学旅行能力一体化培训计划有实践上和教学上两方面的原因。实际上，我们只能重新分配可用的时间和资源。在传统本科课程计划，很难增加内容或时间，特别是当预期学习效果超出学科核心内容时，每学期不仅需要完成平均的课程任务，而且教学计划难以拓展学员的经验。因此，构建研学旅行者在职培训能力一体化计划必须能够使能力和学科知识得到同时的发展，使培训计划对已有的时间和资源发挥双重作用。

研学旅行学员综合能力培养是与教学背景环境有关的。通过学习有关的专业知识和技能，学员能够掌握更加深厚的本专业基本原理方面的知识。在学科环境下训练能力，能够加强学员对学科内容的理解。通过学习这些能力，使学员学会应用专业知识，并由此学会将具有抽象思维的学科知识转化为对具体工作的理解。因此，学科知识和非专业能力是相互支撑的。在学科背景环境下学习这些能力使学员能够掌握系统的本学科基本原理方面的知识。

培训教师要能够在这些重要的学习效果方面扮演重要的角色。如果培训教师确信研学旅行工作进行的能力培养是重要的，他们就会在培训中将这些能力和培训的学习效果结合起来。此时，当他们示范这些能力时，学员就可以在培训结束后的实践活动中继续培养这些能力。关键是教师要向学员说明综合能力在未来工作中的重要性和合理性。

研学旅行能力一体化培训应具备以下特征：首先，学习效果会系统地渗透到培训的每个环节的学习效果中。其次，培训系统的各个环节规定了它们如何相互支持知识的学习，并具体说明了如何使个人综合能力达到预期的水平。最后，研学旅行工作一体化计划的设计是一个由全体参与培训的教师认可并认真实施的一个明确计划。这一点对研学旅行能力一体化培训计划的成功执行至关重要。因为培训是由决策层所主导，并且由各具体教师去执行的。因此，全体教师达成一致非常重要。

在设计研学旅行能力一体化培训计划时，有一点很重要，就是要意识到每个教师对某一能力作为研学旅行一体化培训计划一部分的作用和地位可能会有不同的理解。有些教师认为这些能力是次要的，应该和培训内容分开，所以他们可能不愿意将这些能力整合到他们的培训计划中去。对能力和学科内容在认识上的关系将影响教师对研学旅行能力一体化培训计划设计的看法。当教师对基本能力的目的和地位有不同看法时，就需要通过对研学旅行能力一体化培训计划中的分歧进行讨论并提出建议方式来实现。这些讨论有利于在进行对研学旅行能力一体化培训设计的准备阶段便知道如何将研学旅行培训目标与培训知识进行有机的结合。因此，要努力实现教师从关注与培训计划无关或相关类别的判断转变为重视能力和学科知识的相互作用上来。

（二）研学旅行能力一体化培训设计的具体内容

作为研学旅行能力一体化培训计划设计的出发点，可以通过比较方法来考察开展研学旅行工作已有的培训计划，并与研学旅行工作的预期学习效果进行比较。评估的范围包括以往培养学员的所有经验和教训。例如，人文科学方面的培训要求可能包括批判性思维、沟通和道德规范。虽然这些内容似乎超出了研学旅行工作本身的计划范围，但这些要求却是学员能力提升的一部分。一旦建立了明确的培训目标，了解已有的条件和对现有的培训计划进行评估之后，即可正式开始设计研学旅行能力一体化培训计划。培训计划的设计是由两个同时进行但具有潜在相互作用的步骤开始的，即培训计划结构的设计和针对每个主题内容确定合适的教学次序。当这些结构和次序确定之后，设计的最后一步就是把次序反映到结构的各个环节当中，使得在一体化的、相互支持和协作的设计中，每个环节都对学员的学习具有明确的作用。培训设计的持续改进和完善是由学员的学习评估结果所决定的，将随着以后预期的学习效果变化而变化。

研学旅行能力一体化培训计划设计过程的第一步需要反映培训计划的已有条件和联系。已有条件是指当前培训计划的所有因素的总和。这些因素包括以往教学计划的传统做法、本地和区域性以及国家环境变化等方面的要求。因此，作为在职人员研学旅行能力一体化培训计划设计者必须考虑这些已有的条件，而且对培训计划设计过程必须提供一个通用而灵活的方法，以便能适用于这些已有的条件。

在确定培训计划的内容和学习效果之后，培训计划设计的主要内容包括培训计划的结构、次序和对应关系。培训计划的结构是基于所有知识和学习经验的组织构架的，次序则规定了学习效果的适当进度，而对应关系则将预期学习效果落实到专业课和学习过程当中。笔者认为研学旅行能力一体化培训设计要考虑如下3个关键问题。

首先，历史上大学对于非学科专业能力不重视使其可能成为在职人员研学旅行能力的突破口。合理的教学计划结构就是将课程内容和相关的学习效果融入教学单元或课程中，从而促使课程之间产生知识性的联系。研学旅行能力一体化培训应当在建构学科知识的同时，更加重视实际应用能力。同时，因为很多大学都已经形成学科的组织形式，专业的细化很难将已有的教学计划完全转化为基于现代人才要求的各项实际能力的组织形式。所以，非专业能力培养这种容易被忽视，而在原有大学教育课程体系中所占比重不大的内容才可能成为研学旅行能力一体化培训设计的突破口。

其次，设计一个小型的总体计划是关键。任何一个优秀的设计都需要有一个总体计划，以便将学科内容和学习效果整合到培训计划中。培训者可以围绕研学旅行所涉及的能力把学员一个或多个学习过程通过培训组织起来，将其中知识内容和能力培养目标有机结合起来。非专业能力特殊性决定了实践性学习活动的重要性，这类能力的培养过程不仅仅依靠课堂实现，而且还会出现在课程甚至培训计划以外。

最后，设计崭新的课程体系结构是实现目标的保障。在已完善的学科教育中，内容的次序很容易理解。大部分情况下，这些内容的次序是由讲授和编写本专业教材的教师的经验所决定的。实际上，当代所有的大学都把课程计划划分为模块的形式或方块课程结构。教师和专业的管理者都认为这是理所当然的。专业教学计划是由具有小时时间长度的教学单位或课程所组成的。通常专业课程之间唯一的联系是由预备知识的条件所决定的。也就是说，专业课程必须严格地按照次序来开设。对研学旅行能力一体化培训计划的设计，传统的专业教学计划结构存在两个主要缺点：第一，传统专业教学计划中的部分主题内容之间很难建立起联系或者很难确保学科之间的联系；第二，有时很难将对研学旅行所涉及学员综合能力的培养整合到传统专业教学计划的结构中。对于能力方面的学习效果，很难明确合适的次序。以往高校的教学大纲往往通过一个主题内容性的结构来说明教学内容，但无论是大纲还是相关的学习效果，都没有对学员综合能力掌握方面的次序给出指引，也没有指明掌握的程度所要求的重复次数。因为，简单的前导和后续课程关系就会使教师陷入了一个困惑。以学员表达能力培养为例，思维、写作、口头表达如果设计对应课程应当如何开设？一个显而易见的结论是思维是写作和口头表达的基础。但是，写作和口头表达两者是否一定存在前后次序就不好说。有的观点会说，写作是口头表达基础，所以写作课应当先行开设；然而，在很多活动中，即席发言根据录音整理发言的情况常常不可避免，难以说孰先孰后。在当代的高校教学体系中，尤其是在二本类本科及以下层面高校中，本科生思维方法类课程很少开设，大多是在马克思主义哲学课程中对于思维方法有所讲授。而马克思主义哲学课程开设远远晚于写作和口头表达能力课程，其实也难以形成先解决思维后解决表达的过程。这些问题，只能依靠研学旅行工作开展系列培训加以解决。

二、开发专业教材促进研学旅行发展后备人才培养

按照教育部文件，第一批"研学旅行管理与服务"的高等职业教育（专科）

学生最早将于 2020 年 9 月入学。因此，要培养研学旅行发展后备人才，就抓紧时间需要重新设计合理的专业计划形成与原有专业有所区别的人才培养体系。有针对性地开发教材是做好能力培养的关键。下面分析建设"研学旅行管理与服务"专业所需的特色教材开发总体思路，并以研学旅行管理与服务典型能力培养教材为例介绍不同教材的开发内容。

（一）"研学旅行管理与服务"特色教材开发总体思路

要开发"研学旅行管理与服务"特色教材，需要做好如下几方面工作。

1. 比较"研学旅行管理与服务"与传统高等职业院校旅游类专业的差异，从完善本专业学生知识结构角度出发确立特色教材开发重点

"研学旅行管理与服务"专业以培养德、智、体、美、劳全面发展，具有良好职业道德和人文素养，掌握研学旅行相关政策法规和规范标准，熟悉中小学研学旅行相关教育政策、目标、大纲和方案要求，从事研学旅行项目开发运营、策划咨询、线路设计、课程开发等运营、管理及服务工作的高素质技术技能人才为目标。

在增加"研学旅行管理与服务"和"葡萄酒营销与服务"两个专业之前，高等职业院校旅游大类（专业大类）旅游类（专业类）中包括如下 6 个专业：旅游管理、导游、旅行社经营、管理景区开发与管理、酒店管理、休闲服务与管理。研学旅行的首要工作是研究性学习而不是旅游，这就要求"研学旅行管理与服务"专业的学生既要熟悉教育规律、又要掌握旅行管理与服务技能。历史上高等职业院校旅游类专业都是结合旅游业务设计的，如果在原有专业中简单设立方向，势必受到原有专业影响，把"研学旅行管理与服务"办成旅游管理或某种实务专业。

笔者认为"研学旅行管理与服务"应当在原有旅游类专业知识体系基础上，补充 3 类知识和能力培养。首先，具备研学旅行指导者所需的典型能力；其次，掌握不同类型研学旅行活动策划基本思路；最后，掌握不同阶段学生的研学旅行活动策划基本原则。上述 3 类知识的补充就是教材开发的重点。例如，可以根据不同类型研学旅行活动策划如下教材：德育类研学旅行基地建设及活动策划、智育类研学旅行基地建设及活动策划、体育类研学旅行基地建设及活动策划、美育

类研学旅行基地建设及活动策划，帮助学生熟悉不同类型研学旅行基地建设及活动策划规律。同时，还可以根据不同阶段学生研学旅行活动特点开发教材《基地建设及活动策划》，具体内容可以包括如下三大部分：乡土乡情（小学生）研学旅行基地建设及活动策划、县情市情（初中生）研学旅行基地建设及活动策划、省情国情（高中生）研学旅行基地建设及活动策划。

2. 围绕高等职业学院特点开发特色教材

中国高等职业教育起步较晚，对应的专业教材建设与高等职业教育快速发展的要求存在很大差距。当前，市场上许多高等职业缺乏高等职业特色、缺乏规划和标准、体系不清、内容陈旧，没有和先进的技术和方法接轨。教材选用和出版也存在随意性和趋利性等问题。高等职业不适应现实需要，不符合高等职业培养目标的原因是多方面的，教材编写模式不恰当是重要原因之一。目前高等职业教材有这样几种编写模式：由相应的本科教材经过适当删减而成；由原中专相关专业的教材经过内容的一些深化处理而来；有一线教师根据自己的教学经验编写的校本教材；有的是由出版社出面，组织几个学校的教师在一起经过几次会议和讨论联合编写出的。这样编写出来的教材，一方面，不容易结合高等职业学院学生实际情况，另一方面，没有学生未来从业领域企业参与，容易与实际脱节。

大部分高等职业专业，都有相应的职业资格证书。目前研学旅行指导者能力评价尚无统一标准。行业内有关机构应该承担起社会责任，制定"研学旅行管理与服务"从业者能力标准，不断在实践中检验与丰富促进其成熟，在得到研学旅行实施机构认可后，报有关部门审查。使之成为可供行业参考的从业者规范。因此，教师一定要在认真研究研学旅行领域的技能等级标准的基础上，以培养具体能力为目标编写教材。使学生在具有必备的基础理论和专业知识的基础上，掌握从事专业领域实际工作的基本技能，实现高等职业教材的编写与职业技能标准有效衔接。

高等职业学院培养的学生是应用型人才，因而教材的编写一定要注重培养学生的实践能力，基础理论贯彻"实用为主，必须以够用为度"的教学原则，基本知识采用广而不深、点到为止的教学方法，基本技能贯穿教学的始终。在教材的编写中，文字叙述要力求简明扼要、通俗易懂。

对学生易出错的地方要给出正误对比的示例。对复杂难懂的问题，一定要分解开来，一步一步地讲，循序渐进，将复杂问题简单化，以便学生理解。通过举例阐明概念，将基础理论融入大量的案例中，使学生在不知不觉地消化理论知识，形成"以例释理"的教材编写风格。

3. 适应时代发展运用现代化手段打造立体化教材体系

中国传统的教材形式单一。随着时代的发展，教材的形式不应只是一本书，应该充分利用现代化的手段，向立体化方向发展，促进教学活力和效率提升。在具体的编写过程中，应该注意以下几点。

（1）与机构亲密接触，保证教材具有前瞻性。以介绍成熟稳定的、在实践中广泛应用的方法和国家标准为主，同时介绍新方法、新思路，并适当介绍行业发展的趋势，使学生能够适应未来行业进步的需要。因此，要经常与对口的机构保持联系，了解行业的第一手资料，随时更新教材中已经过时的内容，增加市场迫切要求的新知识，使学生在毕业时能够适合企业的要求。坚决防止出现脱离实际和知识陈旧的问题。

（2）重视实践，实现教材编写的理论与实践平衡。实践教学在高等职业教学中分量极重，其教材建设在高等职业教育中也应占有非常重要的地位，然而，在现实中，目前适合高等职业的实训教材不多，实践教学在各地差异较大，教学规范性不强，内容繁杂，缺乏统一的标准。要改变这种现象，就要站在专业的最前沿，与相关专业的市场接轨，同时要突出专业特色，渗透职业素质的培养，紧密结合职业要求编写教材；在内容上应注意实践教学内容与专业理论课衔接和照应，把握两者之间的内在联系，突出各自的侧重点。

（3）采用模块式编写思路，解决综合性与专门化之间的矛盾。由于高等职业院校学生参差不齐，来源不同，学生的学习能力有很大差距。采用模块式的编写思路，对以前学过的模块内容，有些学生就可以免修，留出时间学习其他感兴趣的知识，使学生的学习更具主动性，同时也避免了资源浪费。教材可以采用富有弹性的模块式内容结构，对知识与能力进行有目的的综合。每个模块既是教材的有效组成部分，本身又是相对完整的、独立的，具有一定的可剪裁性和拼接性，可根据不同的培养目标将内容模块裁剪、拼接，使前后课程互相衔接，浑然一体，这样不但避免了重复讲述造成的时间浪费，而且也杜绝了因教师个体在表述上的偏差，给学生的学习带来不必要的障碍。同时教材内容也要留有余地，有些科目可编写提高模块，即基础类课程要有一定的覆盖面，满足大类专业对理论、技能及其基本素质的要求，提高模块可满足学有余力的学生深入学习的需要。学多少编多少的教材并不可取，应给学生一定的学习空间，教材应向教参方向发展，培养学生再学习的能力。

（二）研学旅行管理与服务典型能力培养教材开发举例

研学旅行对于从业者思维能力、文化底蕴、写作和口头表达能力提出了更高的要求。这些能力是培养"研学旅行管理与服务"专业学生的关键。下面结合这几种能力分析"研学旅行管理与服务"专业相关教材的开发设想。

1．"研学旅行管理与服务"从业者《创造力开发》教材开发思路

要开发"研学旅行管理与服务"从业者创造创新能力，认真分析对传统观点中关于创造认识的相关观点，并保持正确的看法十分必要。下面就典型问题进行分析。

在传统的观点中有一种观点认为：创造是一种天赋，无法教授。这种观点的最大作用就是可以使人认为创造力开发是没有意义的。然而，中外的种种成功的例子证明了这种观点的局限性。但是，这种观点的支持者仍然会从一些在人类历史上做出卓越贡献的创造型天才，尤其是那些在自己擅长领域中作用突出的成功者的例子中找到佐证。莫扎特、爱因斯坦或米开朗基罗都成为他们的好例子，进而说明对人类历史产生重大影响的天才们是没法制造的。

数学能力、艺术表达能力乃至运动天赋都有各种有用的级别，即使在缺少天才的时候也是如此。就像一组人参加百米比赛。发令枪响后，比赛开始。必然有的人跑得快，有的人跑得慢。他们在比赛中的表现依赖于天生的奔跑能力。现在，假设有人发明了自行车，并让所有赛跑者进行训练。比赛改为自行车比赛再次开始。每个人都比以前运动得更快。但是，有的人仍然跑得快，有的人仍然跑得慢。

如果我们不为提高人类的创造力做任何努力，显然个体的创造能力只能依靠天赋。但如果我们被训练者提供有效和系统的训练方法，我们就可以提高创新能

力的总体水平。有的人仍然比其他人好，但每个人都可以学会创造技能，提高自己创造性解决问题的能力。"天赋"和"训练"之间根本不存在矛盾。每位教练员或教师都会强调这一点。

事实上，学习创造学理论与方法和学习其他知识之间没有什么区别。一方面，教学可以将人们培训成有创造能力的人，另一方面，受教育者已有的天赋可以通过训练来提高。因此可以认为"创造无法学会"的观点现在已经站不住脚了。创造力具有"可教性"和"不可教性"。天赋是无法训练的，但训练可以激发潜能。也许创造教育工作者不可能训练出天才，但是有很多有用的创造并不是天才的功劳，要提高全民的能力，创造教育工作必不可少。

在马克思主义哲学中，实践是人的生存方式。"实践活动是创新性与常规性的统一，从实践的内容与形式、目的与手段、过程与结果等方面看，与原有实践具有同质性和重复性的是常规性实践，而具有异质性和突破性的就是创造性实践"（庞元正、董德刚，2004）。人类的创造创新活动是人类活动中的典型形式，既然如此，创造创新活动属于实践范畴，而实践活动是认识的基础，也就是可以学习的。这就为前述的案例找到了理论依据，也帮助学生理解马克思主义哲学原理的价值。两种不同性质的实践恰好代表着过去和将来，他们以现在为契合点，一个执着于未来，一个坚守于历史，构成人类生存的张力。

在传统的观点中另一种观点认为：创造来自传统观点格格不入的思想。

有许多创造是在打破旧有观点、观念基础上实现的，有的人就会产生上述观点。而且，这一观点也很容易在生活中找到佐证。因为，在学校里许多成绩优秀学生似乎属于循规蹈矩派。而在实际工作中有所创造的人可能在学校读书时成绩不佳。有创造性贡献的人必然拥有传统观点有差异的观点，但是，没有前人的积累，有创造价值的观点，又从哪里来呢？难道是从天上掉下来的吗？没有旧有的事物作基础，任何新事物都无法产生，创造本身就是一个辩证否定的过程。批判地继承绝不等于全面打倒，与传统观点差异更不等同于与传统观点格格不入。

创造创新活动主要表现为实践活动本身的创造性和进取性，正如马克思在《德意志意识形态》中所说："已经得到满足的第一个需要本身、满足需要的活动和已经获得的为满足需要而用的工具又引起新的需要。"人类不断以前人的实践成果为基础进行创造创新活动,这是人类科学技术发展的规律,也是人类进步的必由之路。

在传统的观点还有一种观点认为:有创造力的人往往在右脑/左脑的使用习惯和开发上有一种明显的倾向性。于是,就产生了左脑或右脑主动性的观点。

这种观点进而认为:惯用右手的人的左脑是大脑中"受过教育的"部分,识别和处理语言、信号,按我们已知的事物应该存在的方式来看待事物。右脑是未受教育的"无知"的部分。因此,在与绘画、音乐之类有关的事中,右脑单纯无知地看待事物。你可以画出事物本来的、真实的面目,而不是按你臆想的来画。右脑可以允许你有更完整的视图,而不是一点一点地构造事物。于是,在提到创造性思维时,这种观点认为,创造只发生在右脑;为了具有创造性,我们所需要做的就是停止左脑思考,开始使用右脑。

事实上,所有这些事都有其价值,但当我们涉及关于改变概念和认知的创造时,我们别无选择,只能也使用左脑,因为这是概念和认知形成和存放的地方。通过 PET(Positron Emission Tomography,正电子发射断层成像)扫描,有可能看出在任何给定的时刻,大脑的哪一部分在工作。在胶片上捕获到的放射线的闪光表明了大脑的活动。可以很清楚地看到,当一个人在进行创造性的思考时,左右脑会同时处于兴奋状态。这正是人们所期望的。

马克思主义哲学认为:世界是普遍联系的,如果割裂事物之间的联系对于世界的认识就是不全面,综合考察所有认识对象才能全面认识事物本质。左右脑开发就体现出这种思想。

对于如何认识创造的本质的问题,笔者根据一些学者的理论观点,产生一个不成熟的想法,权且称之为"问题反动论",或者"刺激论""问题引导论"。其实,就广义的创造理念而言,创造的本身就是创造性地提出问题和创造性地解决问题,是根据要解决的问题所确定的目的和任务,运用一切已知条件,产生出新颖、有价值的成果(精神成果、社会成果和物质成果)的认知和行为活动。如果我们不苛求创造性的定性来对待问题,问题将随时随地出现在每个人的生活与工作之中,问题以其"反动"作用(即反作用)阻碍了人的生活与工作的前进脚步。因而除去那些循规蹈矩、随遇而安的人对问题无动于衷之外,每个人都必须面对问题、解决问题；在解决问题之中就蕴含着不同程度的创造机理和创造成果。既然生活与工作之中出现问题是必然的；因而每个人都必须承担解决问题的任务。针对个人环境和条件，每个人都在从事创造性工作，因而每个人也都具有不同程度的创造能力。创造与创造力对生活与工作中的人既然就有普遍性，因而也就必然存在可教性。

在确立正确观点之后，教材需要讲述如下知识帮助"研学旅行管理与服务"从业者提高创造力。首先，了解创造创新的概念与历史，并理解系统思维的本质。这里需要解决创造是什么的问题，同时回顾创造创新在人类历史上的表现；在理解系统的基本概念的基础上，掌握"研学旅行管理与服务"需要的系统观思维。其次，介绍"研学旅行管理与服务"从业者需要掌握的创造性思维方式与方法。重点介绍直觉思维、形象思维、逻辑思维、多向思维。再次，介绍问题及问题的发现规律，帮助"研学旅行管理与服务"从业者树立问题意识。最后，讨论结合研学旅行实践活动开展创新的途径。重点分析创新研学旅行实践活动的选题思路，开展创新实践所需的信息与信息收集，在此基础上介绍"研学旅行管理与服务"从业者需要掌握的创新技法。

2. "研学旅行管理与服务"从业者《中国传统文化》教材开发

要研究中国传统文化首先要面对的问题就是：什么是文化？或者文化是什么？由于文化的内涵是比较难以把握的，文化就成为人类从学理上最难以界定的概念之一。也就是说，什么属于文化，什么不属于文化，其间的界限是什么？对"文化"一词的定义，一直是仁者见仁，智者见智。不同国家、不同时代的专家学者对其有着不同的解释。

"文化"一词，在中国古代就有论述。但是在中国历史早期最开始，"文""化"二字是作为不同的词单独使用，并各有其含义。"文"字本意是指各色交错的纹理。如《说文解字》中说："文，错画也，像交文。"其意思是说，"文"就是交错描画，由几种笔画交错而形成的图像就构成了文。又如《易·系辞》曰："物相杂，故曰文。"就是说几种不同的物质交错混杂在一起，就叫作"文"。再如《礼记·乐记》中说："五色成文而不乱。"就是说各种各样的颜色有规律而非杂乱无章地错落交织在一起，就形成了"文"。

随着时代的发展,"文"渐渐有了若干引申意义。

首先,"文"被引申为包括文字在内的各种象征符号,被具体化为文书典籍、文章,礼乐制度等。例如《尚书·序》中说:"古者伏羲氏之王天下也,始画八卦,造书契,以代结绳之政,由是文籍生焉。"就是指古代的伏羲氏之所以能成为治理天下的大王,正始于他创造了八卦图,制造出文书和契约来代替结绳记事的行政管理方式,因此,文书典籍就产生了。在这里,"文"就是被引申为文书典籍之意。再如《论语·子罕》中说:"文王既没,文不在兹乎?"就是说周文王虽然去世了,难道文王时代的礼乐制度就不存在了吗?在这里,"文"就是被引申为礼乐制度。

其次,"文"被引申为人为加工、人为修饰及华丽文饰等意义,这里的"文"就是与"质""实"等对应。例如《尚书·舜典》疏中说:"经纬天地曰文。"意即对天地进行改造、治理就叫作"文"。再如《论语》中说:"质胜文则野,文胜质则史,文质彬彬,然后君子。"就是说质地胜过文采则显得粗野,文采胜过质地则显得浮夸。文采与质地恰当合理,就会把外在表现与内在本质配合得恰到好处,这才能够成为君子。在这里,"文"就是华丽文饰的意思。

再次,"文"被引申为美、善、德等意义。例如《礼记》中说:"礼减而进,以进为文。"就是说,礼仪形式简化而使礼仪本身更加精进,这里的精进即为"文"。郑玄注:"文尤美也,善也。"就是说"文"就是美,就是善。

最后,"文"被引申为与"武"对应的文治、文事、文职,与"德行"对应的文学艺术才能等。例如中《尚书》说:"王来自商,至于丰,乃偃武修文。"意思是说周王虽然是从好武之商朝而来,然而其到封地之后,仍然能够做到停止使用武力,修明文治。

此外,"文"还被引申为自然现象的脉络或人伦秩序的意思,如"天文""水文""人文"等词都是用来表述自然界的脉络。"天文"就是指天道自然规律;"水文"就是指河流、湖泊、江海的发展变化规律。"人文"就是指人伦社会规律,也就是社会生活中人与人之间纵横交织的关系。

"化"字的本意是变化、改变、变易、生成、造化,古时写作"匕",例如《说文解字》中说:"匕,变也。"又如《庄子》中说:"化而为鸟,其名曰鹏。"

意思是说：鲲变化为一只大鸟，名字叫作鹏。在这里，"化"的意思是变成、变化。再如《易传》中说："男女构精，万物化生。"意思是说，男女交配，生儿育女，各种雄性与雌性交配，产生万事万物。在这里，"化"的意思是产生、生成。而《礼记》中说："可以赞天地之化育。"意思是说：可以帮助天地化生长育万物。在这里，"化"的意思是化生、生成。

因此，"化"的本来含义是指里两种事物相接，其中一方或双方改变形态性质，进而产生一种新的事物。所以，"化"又被引申为教化、教行、迁善、感染、化育等各种含义。例如《周礼·大宗伯》中说："以礼乐合天地之化。"意思是说，用礼乐来配合天地大道的教化。又如《黄帝内经》中说："化不可待，时不可违。"意思是说，化育繁生不可以替代，时令季节不可以违背。在这里，"化"的意思是化育。

"文""化"二字一起使用，最早出现在中《周易·贲卦·象传》："观乎天文，以察时变；观乎人文，以化成天下。"意思是说：通过观察天象，人们可以考察到时令季节的变化；通过观察人间事务，人们可以来教化世人，成就平治天下的大业。西汉的刘向说："凡武之兴，为不服也，文化不改，然后加诛。"意思是说，依靠武力来征服人们，只是使大多数人懂得服从的道理，而对少数通过教化而仍然冥顽不化的人施以重刑，最终可以取得良好的治理效果。这是最早将"文""化"二字合为一词来使用的记载。

因此，在中国古代，"文化"一词是"文治"与"教化"的合称，主要含义是"人文化成""文治教化"等。

在人类学术发展历史上，首先给"文化"明确概念的是19世纪英国人类学家，也是文化学的奠基人爱德华·伯内特·泰勒（E. B. Tylor）爵士。他在其1871年出版的著作《原始文化》中给文化下了这样定义："文化是作为社会一个成员所获得的，包括知识、信仰、艺术、音乐、习俗、法律以及其他种种能力在内的复合体。"这是有关"文化"的第一个定义。

自从泰勒给出"文化"的定义之后，全世界的学者从各门学科、各个角度给"文化"所下的定义已有近300个之多。而且，有理由相信这个数字还在继续增长。在人类文明史上似乎没有哪个概念会有如此大的分歧。因此，有人甚至认为，关于"文化"定义之争的解决绝不比文化研究本身更为容易。

《中国大百科全书》（1981年版）同样将"文化"概念进行广义和狭义的区分，认为："广义的文化是指人类创造的一切物质产品和精神产品的总和。狭义的文化专指语言、文学、艺术及一切意识形态内在的精神产品"。

在汉语中，"传"字主要含义是传承、传递，"统"是指事物的连续状态，也就是一以贯之的意思。《现代汉语词典》将"传统"一词解释其为："从历史上沿传下来的思想、文化、道德、风尚、艺术、制度以及行为方式等。它通常作为历史文化遗产被继承下来，其中最稳固的因素被固定化，并在社会生活的各个方面表现出来。如民族传统、文化传统、道德传统等。"美国社会学家爱德华·希尔斯认为传统是指世代相传的东西，就是从过去延传至今或相传至今的东西。传统的标准是："传统是人类行为、思想和想象的产物，并且被代代相传。"因此，可以说，传统就是指由各个历史时代的特殊的自然地理环境、经济形式、政治结构、意识形态等综合作用而自然形成、积累并世代相传直至今天的，且在当代仍时时刻刻对我们的社会和生活方式产生巨大影响、起着重要作用并表现于社会生活各个方面的思想文化、制度规范、风俗习惯、宗教艺术乃至思维方式、行为方式等的总和。

传统文化就是指在一个民族中绵延流传下来的反映民族特质和风貌的文化，是民族历史上各种思想文化、观念形态的总体表征。传统文化既可以体现在有形的物质文化中，也可以体现在无形的精神文化中，如人们的生活方式、风俗习惯、心理特性、审美情趣、价值观念等。任何民族都有自己的传统文化，都是在其历史发展过程中形成和发展并流传下来的。

从广义说，中国传统文化就是指中华民族在生息繁衍的漫长历史发展过程中，逐步形成并流传下来的比较稳定地反映中华民族整体特质和整体风貌的文化形态，影响中华民族发展进程的一切物质和精神成果的总和。从狭义说，中国传统文化特指在中华民族历史上绵延流传下来的影响整个中华民族发展进程的、具有稳定的共同精神、心理状态、思维方式和价值取向的全部精神成果，也就是中华民族传统意识、观念、心态和习俗的总和。

要编写合适的教材，让"研学旅行管理与服务"从业者热爱并掌握传统文化，就需要在了解中国传统文化基本问题基础上，学习如下知识。首先，介绍中国传统思想文化，重点介绍以儒家、道家、法家、兵家等为代表的优秀思想。其次，学习中国传统制度文化。重点分析中国传统制度文化形成过程，并进一步介绍中国传统文化中的人才制度文化。再次，介绍中国传统物质文化遗产的典型，主要介绍中国古建筑文化、中国古典园林文化、中国古代科技文化等方面的内容。最后，介绍中国民间生活蕴含的传统非物质文化，重点介绍中国传统民俗文化、中国传统戏曲歌舞文化、中国传统饮食文化、中国传统对联与灯谜文化等几方面的内容。

3. "研学旅行管理与服务"从业者《写作与口才训练》教材开发

知识已成为社会经济发展的最重要的资源和支柱，对现有的生产方式、生活方式乃至政治改革等都将产生重大影响。人类信息交流量的加大，使信息的文字载体——文章（其中主要是实用文）的作用越来越大。实用文写作也必须摒弃陈规陋习，适应知识经济发展的新形势。伴随着社会进步、科学技术的发展，专业分工也日趋具体和精细。实用文应社会需求而产生，为满足社会发展而发展。只有掌握渊博的科学知识，才能撰写出好的实用文章。实用文需求量的增加，促使实用文的写作任务量也随之增大。越来越细的分工，使实用文应用领域进一步扩大，导致对实用文作者专业知识要求的提高，这些因素使需要学习如何写实用文的人数迅速增加。

许多朋友认为，提高"研学旅行管理与服务"从业者写作能力，重点是提高研学旅行方案写作能力，提供一个"课程方案设计模板"填充即可。但是，事实上，即便有了模板，很多从业者也设计不出满意的方案。笔者认为，除了思维方式和逻辑能力以外，还需要全面提高写作能力。因此，教材开发者应当在编写教材时解决如下问题。

一方面，掌握开展"研学旅行管理与服务"所需的写作基本理论。首先，掌握的实用文写作的取材立意。重点掌握材料处理、主题确立、写作构思等问题。其次，熟悉文体风格，重点掌握不同文章的结构特点、实用文写作的文体定位。最后，掌握文章的语言和修改技巧，即熟悉实用文写作的语言风格，掌握实用文的修改技巧。

另一方面，掌握开展"研学旅行管理与服务"涉及的问题。一般地说需要两大类文体，第一类包括：基地建设规章制度、研学计划、活动新闻报道等社会公共活动文体的写作。第二类包括：市场调查报告、广告文案、合同、标书等经济活动文书的写作。

生活在信息高度发达的时代，人际交往是每一个社会人不可避免的。口头表达能力对于每一个刚刚或即将走入社会的年轻人都是不可或缺的。正如美国演讲训练大师卡耐基所说："现代人的成功，15%靠实力，85%口才。"口才的重要性也不言而喻。一个口头表达能力强的人，往往具有全方位的素质。但是，不管具体的素质包括哪些内容，口才都是核心。而要想具有好口才，就要有很好的写作能力。要想在相对紧张的环境下有良好的表现就需要有丰富的知识和严密的思维。

教材开发者在编写"研学旅行管理与服务"口头表达能力教材时解决如下问题。

一方面，在了解口头表达能力基本概念和理论的基础上，介绍开展"研学旅行管理与服务"所需的口语表达方法和技巧。重点介绍叙述、描述、说理、抒情等口语表达方法，以及幽默、模糊、委婉等口头表达技巧。

另一方面，介绍开展"研学旅行管理与服务"所需的实用口头表达技巧。首先，介绍交际口才的表达技巧；其次，介绍实用演讲技巧，主要介绍演讲的基本问题、演讲语音语调修饰技巧、演讲稿的写作、演讲的准备与实战策略等几方面问题。最后，介绍辩论与论辩口才训练技巧。重点介绍辩论的基本问题、辩论的战略设计、辩论的战术准备，通过辩论赛这种形式帮助"研学旅行管理与服务"从业者用"准实战"的方式提高实用表达能力。

参考文献

爱德华·德·波诺.2003.严肃的创造力——运用水平思考法获得创意[M].杨新兰,译.北京:新华出版社.

爱德华·希尔斯.2014.论传统[M].上海:上海人民出版社.

波普尔.1986.猜想与反驳[M].付季重,等,译.上海:上海译文出版社.

陈爱华.2004.逻辑学引论[M].南京:东南大学出版社.

恩格斯.1972.自然辩证法[M].北京:人民出版社.

傅世侠,罗玲玲.2000.科学创造方法论[M].北京:中国经济出版社.

黑格尔.1980.自然哲学[M].梁志学,薛华,钱广华,沈真,译.北京:商务印书馆.

黑格尔.2001.逻辑学[M].杨一之,译.北京:商务印书馆.

黑格尔.2003.精神现象学[M].贺麟,王玖兴.译.北京:商务印书馆.

黑格尔.2003.小逻辑[M].贺麟,译.北京:商务印书馆.

胡昶,古泉.1990.满映——国策电影面面观[M].北京:中华书局.

焦垣生.1999.写作学教程[M].西安:西安交通大学出版社.

康德.2002.判断力批判[M].邓晓芒,译.北京:人民出版社.

康德.2007.道德形而上学基础[M].孙少伟,译.北京:九州出版社.

李裕德.1998.趣味逻辑[M].北京:教育科学出版社.

列宁.1956.哲学笔记[M].中央编译局,译.北京:人民出版社.

列宁. 1978. 列宁文稿·第2卷［M］. 北京：人民出版社.

列宁. 1995. 列宁选集·第4卷［M］. 北京：人民出版社.

列宁. 2017. 列宁全集·第16卷［M］. 2版. 北京：人民出版社.

列宁. 1990. 列宁全集·第43卷［M］. 北京：人民出版社.

林振春. 1993. 社会调查［M］. 台中：五南图书出版公司.

罗国杰. 1989. 伦理学［M］. 北京：人民出版社.

罗玲玲. 1998. 创造力理论与科技创造力［M］. 沈阳：东北大学出版社.

罗玲玲. 2002. 创造力开发［M］. 长沙：湖南大学出版社.

罗玲玲. 2007. 大学生创造力开发［M］. 北京：科学出版社.

马克思，恩格斯. 2012. 马克思恩格斯选集［M］. 北京：人民出版社.

马克思. 1975. 资本论1—3卷［M］. 北京：人民出版社.

马克思. 2006. 1844年经济学哲学手稿［M］. 北京：人民出版社.

马克思，恩格斯. 2006. 马克思恩格斯全集［M］. 北京：人民出版社.

马克思，恩格斯. 1995. 马克思恩格斯选集［M］. 北京：人民出版社.

迈克尔 A. 奥尔洛夫. 2010. 用TRIZ进行创造性思考实用指南［M］. 陈劲，朱凌，郑尧丽，等，译. 北京：科学出版社.

毛泽东. 1991. 毛泽东选集·第2卷［M］. 北京：人民出版社.

毛泽东. 1999. 毛泽东文集·第7卷［M］. 北京：人民出版社.

庞元正，董德刚. 2004. 马克思主义哲学前沿问题研究［M］. 北京：中共中央党校出版社.

乔治·巴萨托. 2002. 技术发展史［M］. 周光发，译. 上海：复旦大学出版社.

邵守义. 1993. 演讲学教程［M］. 北京：高等教育出版社.

施培公. 1999. 后发优势［M］. 2版. 北京：清华大学出版社.

唐树芝. 2004. 口才与演讲［M］. 北京：高等教育出版社.

陶富源. 2001. 实践主导论——哲学的前沿探索［M］. 合肥：安徽人民出版社.

吴弘毅. 2002. 普通话语音和播音发声［M］. 北京：北京广播学院出版社.

习近平 . 2014. 在布鲁日欧洲学院的演讲［N］. 人民日报：2014-4-2（2）.

习近平 . 2016. 在庆祝中国共产党成立95周年大会上的讲话［N］. 人民日报：2016-7-2（2）.

习近平 . 2013. 党史国史这门课必须修好［N］. 人民日报（海外版）：2013-6-27（1）.

肖前，李淮春，杨耕 . 1996. 实践唯物主义研究［M］. 北京：中国人民大学出版社 .

亚里士多德 . 2003. 尼各马可伦理学［M］. 廖申白，译 . 北京：商务印书馆 .

亚里士多德 . 1965. 政治学［M］. 吴寿彭，译 . 北京：商务印书馆 .

阎景翰，等 . 2002. 写作艺术大辞典［M］. 西安：陕西人民出版社 .

杨柳 . 2007.《大明王朝1566》：消费文化与主流政治改写的文本［J］. 理论与创作（2）：20-22.

杨清亮 . 2008. 发明是这样诞生的：TRIZ理论全接触［M］. 北京：机械工业出版社 .

俞吾金 . 2001. 实践诠释学——重新解读马克思哲学与一般哲学理论［M］. 昆明：云南人民出版社 .

岳增瑞 . 2002. 努力成为勇于和善于创新的典范［J］. 山东青年政治学院学报（3）：4-6.

张子睿 . 2004. 实用文写作理论与方法［M］. 北京：清华大学出版社，北京交通大学出版社 .

张子睿 . 2005. 创造性解决问题［M］. 北京：中国水利水电出版社 .

张子睿 . 2005. 大学生竞技口才训练［M］. 北京：清华大学出版社，北京交通大学出版社 .

张子睿 . 2015. 创造创新理论与实践［M］. 北京：光明日报出版社 .